蔡志忠作品

漫畫中國經典系列之一

漫畫 孫子兵法・韓非子

The Art of War / Hanfeizi in Comics

目錄《漫畫孫子兵法》

目錄《漫畫韓非子》

漫畫孫子兵法

孫子的生平

孫武的生平
孫子名爲武，
是春秋時代齊國人，
著《孫子兵法》十三篇。
孫子兵法
他曾將所有兵法
進獻給吳王闔閭。
好極了！
寫得太好了。
先生所著的兵法十
三篇我都有看過，
可不可以拿來實地
操演部隊呢？

可以。
可以用婦女
來演練嗎？
當然
可以。
於是吳王便傳旨，
找來一百八十名宮女，
孫子將她們編成兩隊，
令吳王的兩位寵姬分任隊長，
並令全體持戟。
妳們知道胸部、
左右手和背部
的位置嗎？
知道。
知道。

好！等一下我發令時，我說前，妳們就朝著自己前胸所對的方向看。
我說左就看左手，右就看右手，後就往背後看，明白了嗎？
明白！
準備刑具伺候 ，誰不聽令行事就依軍法處分。
遵命。
注意聽我的口令，依命令行動 ！

右！
咚！
哈哈哈
哈哈哈
哈哈哈
為將練兵，規定交代動作沒能讓人聽明白，申述命令未能讓人熟記在心，是當將官的不對。
我再將規定動作說一遍，我說前就看胸部，說左就看左手，右就看右手，後就往後背看。

準備好了，不要再犯錯了……
左！
嘻嘻嘻嘻
約束不明，申令不清楚，這是為將者的過錯；
為人將帥者，既已將各種約束申令都交代清楚了，可是士兵還不照號令操作，這便是士兵的過錯。
違令者斬，士卒不可盡殺，隊長當受其罪。

哇！饒命啊！
呀！
寡人已曉得將軍能用兵了。但失去兩位寵姬，寡人將食不知味。
將軍，你就放過她們，就別斬她們吧。
臣既已受命為將，將在軍治兵，君命有所不受。

將兩人
斬首示眾！
哇！
哇！
啊……

一，二。
一，二。
一，二。
向前齊步走。
咚！
孫子另命二位宮女爲隊長，
於是再擊鼓下號令，這次宮
女們完全遵照號令行動，再
也不敢出聲嘻笑。
隊伍已操練整齊，大王可以下來親自校閱。
現在這支部隊憑大王想怎麼樣使用都可以，即使赴湯蹈火也可以辦到。

請將軍解散部隊，
自行回驛站休息
吧！寡人沒有心
情下去看了。
吳
大王只是喜歡兵法理
論，但卻不能用理論
來實際用兵啊……
吳王闔閭雖然不悅，
但也明白孫子眞能用兵，
後來終於用孫子爲將。
吳

此後，闔閭以一個小小的吳國，西破強楚，攻入郢都；北上中原，威震齊晉；

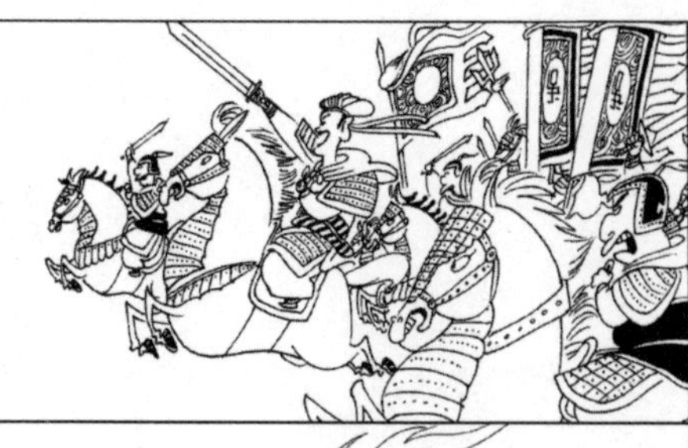

使吳國的名聲顯揚於春秋諸國，那幕後的功臣就是孫子啊！

始計篇

始計
戰爭是國家的大事，
關係人民的生死。
也關係到國家的存亡，
所以不能不細心
研究和慎重考慮。

所以要從五個方面來比較、核算，探求其事實。
第一是治道、
第二是天時、
第三是地理、
第四是將領、
第五是紀律。
道、天、地、
將、法

道
所謂「治道」，就是使人民和政府之間具備共同的信念。
全國總動員
我們爲何而戰？
沒有國哪有家？大家同心協力打這場聖戰吧！
對啊！
對啊！
對啊！
對啊！
人民和政府才能同心協力，同生死、共患難而不怕犧牲。

天
天
天，就是指
晝夜、晴雨、
晦明、寒暑等，
各種天象變化
及氣候變化，
以及時間的限制
與機動力。

地
地，就是指
道途的遠近；
地形的險易；
地勢的廣狹，
以及易於逃生或
不易於逃生的地形。
生地
絕地
死地

將
將，是指帶兵打仗的
將軍必須具備的條件。
兵法
才智、威信、仁愛、英勇，
及嚴肅等素養。

法
法
法，就是指軍隊的
編制、紀律賞罰、
軍需補給等等。
這幾方面的事情，
作為軍官的都不能
不深入瞭解。
能正確瞭解的，
便能打勝仗，
不能正確瞭解的，
便不能打勝仗。

七計
所以要從各方面來比較計算，
探求其事實，然後自問……
道
天
地
將
法
誰的政府能使
全體軍民同心協力？
誰的將帥
具有才能？

誰得
天時地利？
誰的法令能
貫徹實行？
誰的軍隊強大？
誰的兵士
訓練精良？
誰的賞罰公正嚴明？

從這些比較之中，便能預知誰勝誰敗了。
戰爭是詭詐多端，鬥智手段千變萬化的行為。
詭道

有能力，故意
裝作沒有能力；
哈，兵
力真少。
要用兵，故意
裝作不要用兵。
休
戰
和
談
欲攻近處，
故意做出遠
攻的姿態；
欲攻遠處，故意
做出近攻的姿態。

乘敵
或以小利引誘敵人；或在敵人內部製造混亂，再乘亂攻擊；敵人實力強大時，暫時退避；故意挑逗敵人使其發怒；故示卑弱使敵人鬆懈；敵人安逸時，設法使其疲於奔命；敵人團結時，設法離間分化；
孫子兵法
「攻其不備，出其不意」是用兵致勝的秘訣，但戰爭乃千變萬化，必須靈活運用。

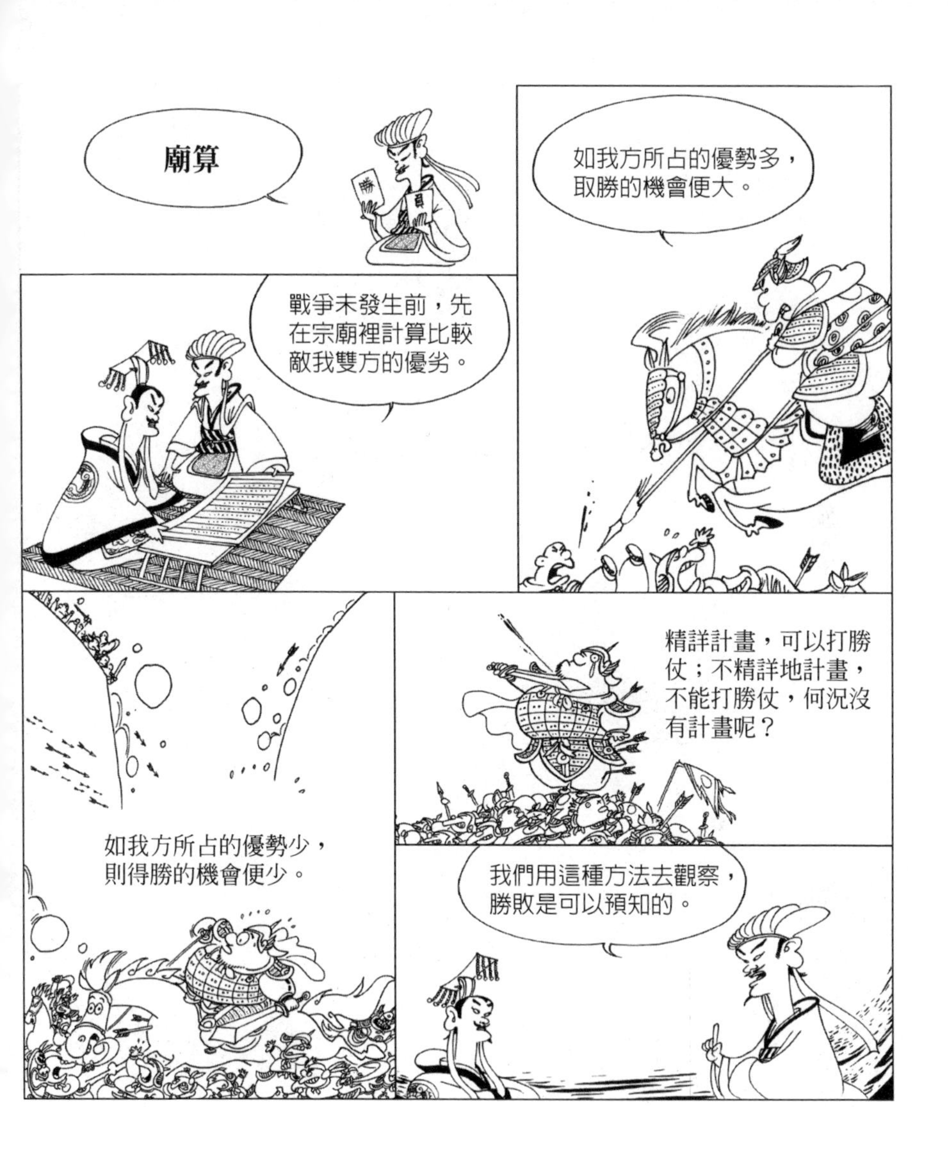
廟算
如我方所占的優勢多，
取勝的機會便大。
戰爭未發生前，先
在宗廟裡計算比較
敵我雙方的優劣。
精詳計畫，可以打勝
仗；不精詳地計畫，
不能打勝仗，何況沒
有計畫呢？
如我方所占的優勢少，
則得勝的機會便少。
我們用這種方法去觀察，
勝敗是可以預知的。

作戰篇

孫子說：就用兵作戰的法則而言，
準備一千輛戰車及
一千輛輜重車輛。

配合十萬穿著甲冑的戰士，
自千里之外運送糧食……

則前後方之軍費，外交情報的支出，
膠漆器材的補充，車輛甲冑的修護，
每天都要用大量的金錢，

然後十萬大軍才可以行動。

大軍出征作戰，以爭取勝利爲第一要務。

時間拖延一久，必使軍隊疲憊，銳氣挫失，攻擊時戰力消耗殆盡。

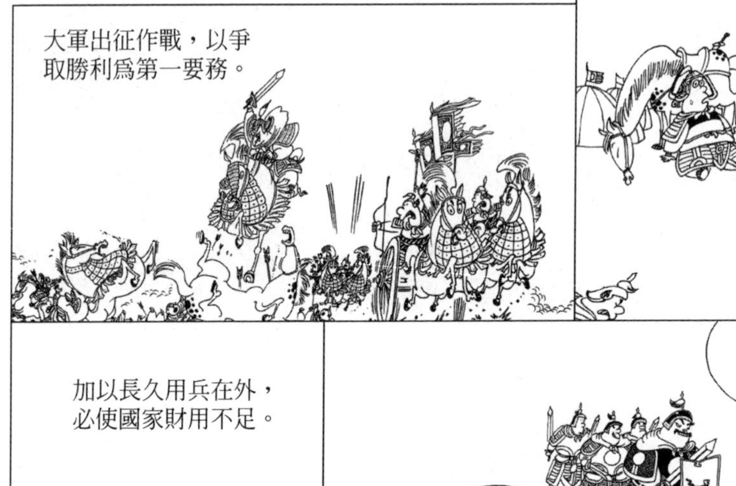

加以長久用兵在外，必使國家財用不足。

國防經費還差三十萬金。

快回來救援啊！

我這邊也走不開呀！

這時，鄰近敵國便會乘機入侵；這時雖是有智謀之領導者，也無法善後了。

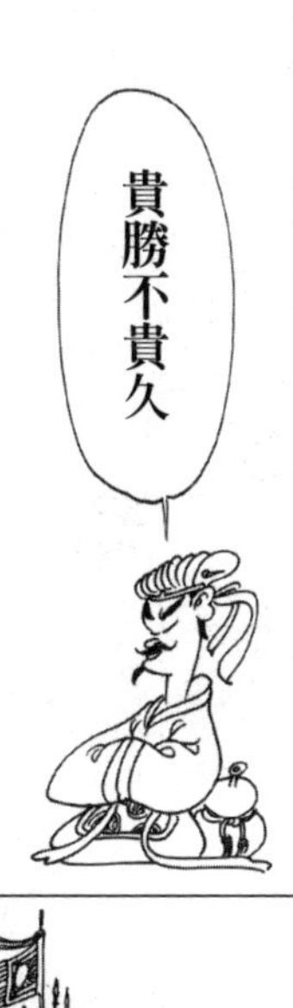

用兵作戰，
只宜速戰速決，
不可逞強持久。
勝負

戰爭拖延持久，
而對國家有益的事，
是絕對沒有的。

戰爭愈持久，則其害愈多且大，雖勝也得不償失。用兵作戰貴勝不貴久，迅速擊敗敵人，迅速結束戰事，以免民勞生怨。長久處於戰事，必導致國家經濟崩潰。

勝敵而益強
不能徹底理解用兵的害處，就不能真正瞭解用兵的好處了。
害
利
善用兵的將領，在動員一次兵卒之後，絕不做第二次徵召。
召集
糧食不夠怎麼辦？
載運糧秣也不會超過三次。
不夠的糧食不從國內運來，而從敵方陣地取得。

高明的將領，務求在敵人的國境補充糧食。
吃敵糧一鍾，抵得上自己的二十鍾；
糧食都被搶光，吃不飽餓著肚子怎麼打仗？
吃敵人二石稈秣草料，就抵得上自己二十石。
此外，要士卒勇敢殺敵，須激起敵氣之氣，
敵人說我們是群老弱無能之兵，不堪一擊。
可惡！與他拚了。
要奪取敵人物資，須以財貨重賞士卒。
能奪得車甲物資者，賞黃金十兩。

搶馬車呀！
搶得愈多，獎金愈高。
奪得馬車十輛。
官升等，另有實物獎金。
將奪來戰車改換旗幟，加入我方軍旅使用。
俘虜的敵軍，也加入編制，一起上陣殺敵。
這才是既戰勝敵人而又使自己壯大的道理。
哇！糧食、馬車、兵士都被奪光了。

謀攻篇

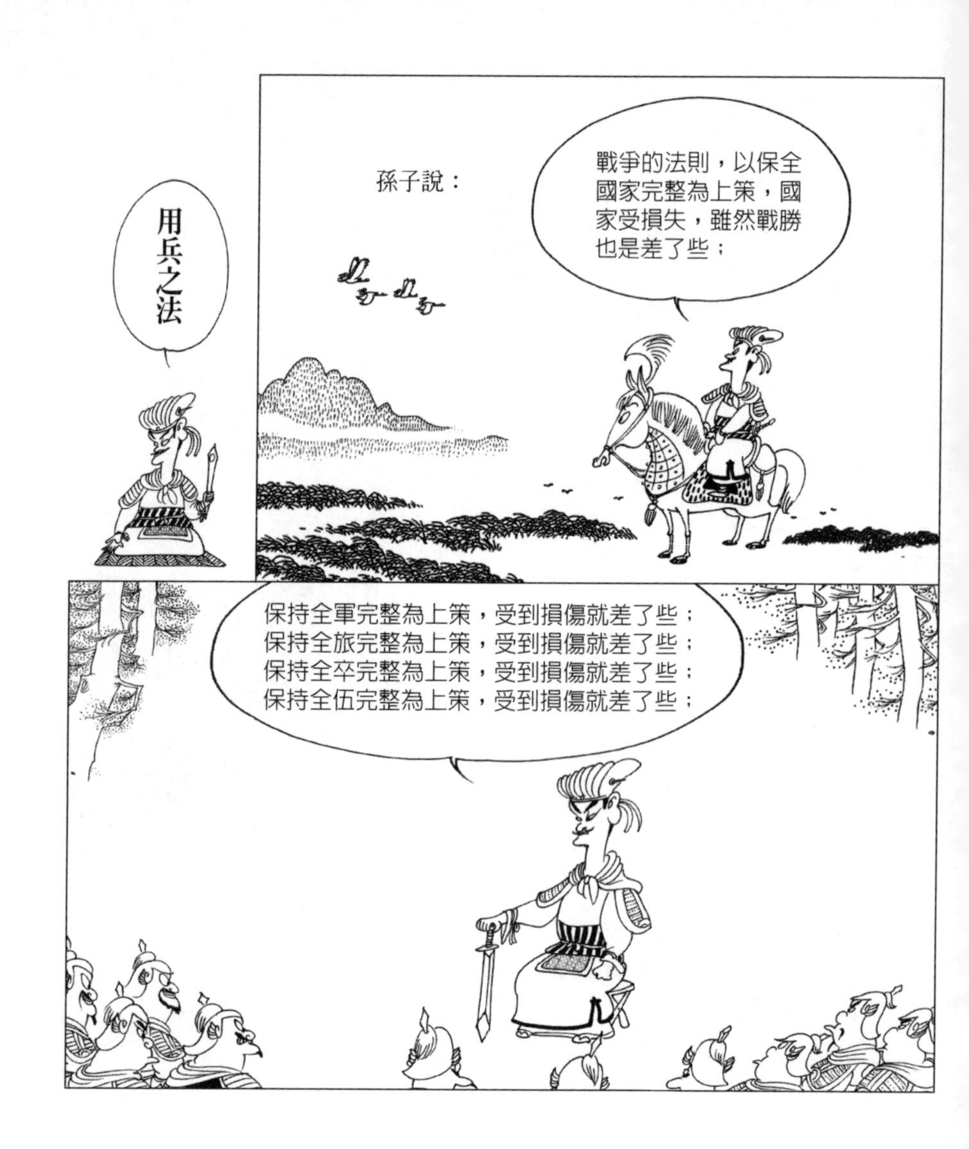
用兵之法
孫子說：
戰爭的法則，以保全國家完整為上策，國家受損失，雖然戰勝也是差了些；
保持全軍完整為上策，受到損傷就差了些；
保持全旅完整為上策，受到損傷就差了些；
保持全卒完整為上策，受到損傷就差了些；
保持全伍完整為上策，受到損傷就差了些；

因此，百戰百勝還
稱不上高明中的高明，
能夠不必打仗，
而能使敵人降服，
才是高明中的最高明。
殺！
嘻……
不戰而勝！

政略
最高明的戰略
是以謀略戰勝敵人；
運用頭腦就把
敵人打敗了！
其次是用外交的
方式使敵人屈服；
投降
降
再其次就是用強大
的軍力使敵人屈服；

最下策就是攻擊
敵人的城池堡壘！
這據點非
爭不可！
要攻
城嗎？
攻城是非常
不得已的事
情，準備攻
城作業吧！
製造大盾和攻城車及各種器械，
需要三個月才能完成，
修築攻城用的土壘陣地等，
又需要三個月才能完成……

將帥覺得太慢，
不能克制其焦躁忿怒，
下令攻擊，
士兵像螞蟻一樣，
爬到城牆上攻城，
死傷達三分之一……
而城池仍攻不下來，
那眞是攻擊作戰中，
最悲慘的災禍。

所以善於用兵的統帥，
不經戰鬥即能屈服敵人；
輸了！
降
不經攻堅即能取得
敵人的城池；
不須長久時間
即能摧毀敵國；

因爲他能運用各種
方法進行鬥爭。
外交
謀略
政治
經濟
投降
軍事
處處都能把握住使自己完整
無缺的原則，爭勝負於天下。
降
所以戰力不受傷害，戰
果卻能完全獲得，就是
用謀略來作戰的法門。
不戰而勝

謀攻戰略
寡不敵衆，相差太遠了，還是投降了吧。
用兵的法則是，有十倍優勢的兵力，可四面包圍殲滅敵人；
林
有五倍優勢的兵力，可集中力量攻擊之；
攻
有兩倍優勢的兵力，可分兵自正面及側面攻擊；
哇──腹背受敵！

與敵人
雙方兵
力相等，
先找出敵人
的弱點，用
計攻擊之！
則須出奇
而制勝；
有種的出來，堂
堂正正一決勝負！
有種你攻
進來吧！
如果比敵人兵力少，
則暫時堅守，避免決戰；
別逃！來拚個
勝敗吧！
如果自身軍力差得太遠，
則可轉進閃避；
我只能用打跑
戰術的游擊戰，
不能跟你硬拼！

總之，力量弱少的軍隊，
如不自量力地硬碰……
來場硬碰硬的決戰，看誰勝誰敗。
就必然成爲強大敵人的俘虜了。
當兵力比敵人強時，則可圍之、攻之、分之，兵力不若敵人時要能戰、能守、能避，並須以優良的指揮，才能達成戰、守、避的目的，否則即有慘敗被殲滅的危險。
統帥權
將帥是國家的支柱，

將帥武德周備，
國勢必強……
如果將帥武德不周，
國家必衰弱。
國君對軍事方面
為害有三樣……
第一，
不應進軍時下令進軍；
不應退兵時下令退兵。
這就叫牽制用兵！

第二，不懂軍政而妄行處理軍政，使將士迷惑，無所適從。
第三，不懂兵法上的權謀變化，而負起將帥一樣的任務，使士卒疑懼。
進
退
到底要聽誰的？
我也不知道。
軍隊如產生疑懼，必使敵國乘隙而來，這就是攪亂自己的軍旅導致敵人的勝利。
所以求得勝利之算有五點：

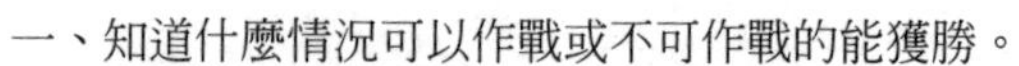

一、知道什麼情況可以作戰或不可作戰的能獲勝。
二、瞭解這場戰役應配置多少兵力的能獲勝。
三、政府與人民具有共同信念的能獲勝。
四、自己準備充分，而敵人準備不足的能獲勝。
五、將帥有才能，而君主不加牽制的能獲勝。

知己知彼
我瞭解自己的優點。
也瞭解敵人的缺點。
瞭解敵人，也瞭解自己，可以經歷百戰而不致發生危險。
我不瞭解敵人，但充分瞭解自己。
雖不瞭解敵人，但充分瞭解自己的能力，勝負機會各半。
我不瞭解敵人，也不知道自己的實力如何！
這樣出戰必定失敗。
打打看就知道了。

哇
不瞭解敵人，又沒有自知之明，每次作戰必遭失敗。

軍形篇

戰略的目的

從前善於用兵作戰的人，總是先創有利形勢，使自己不被敵人戰勝，然後等待可能戰勝敵人的機會。

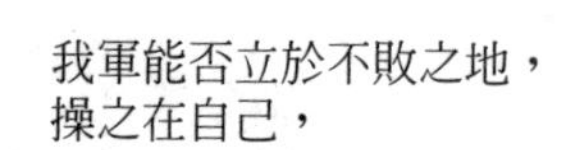

敵人有沒有犯錯誤，而使我有得勝機會，卻操之在敵人。

我軍能否立於不敗之地，操之在自己，

所以善於用兵作戰的人，
能不讓敵人有可勝的機會，
但是不能使敵人必定爲我所勝。
所以說：勝利固然可以預知，
但是敵人有無可乘之隙，
卻不能勉強造成。

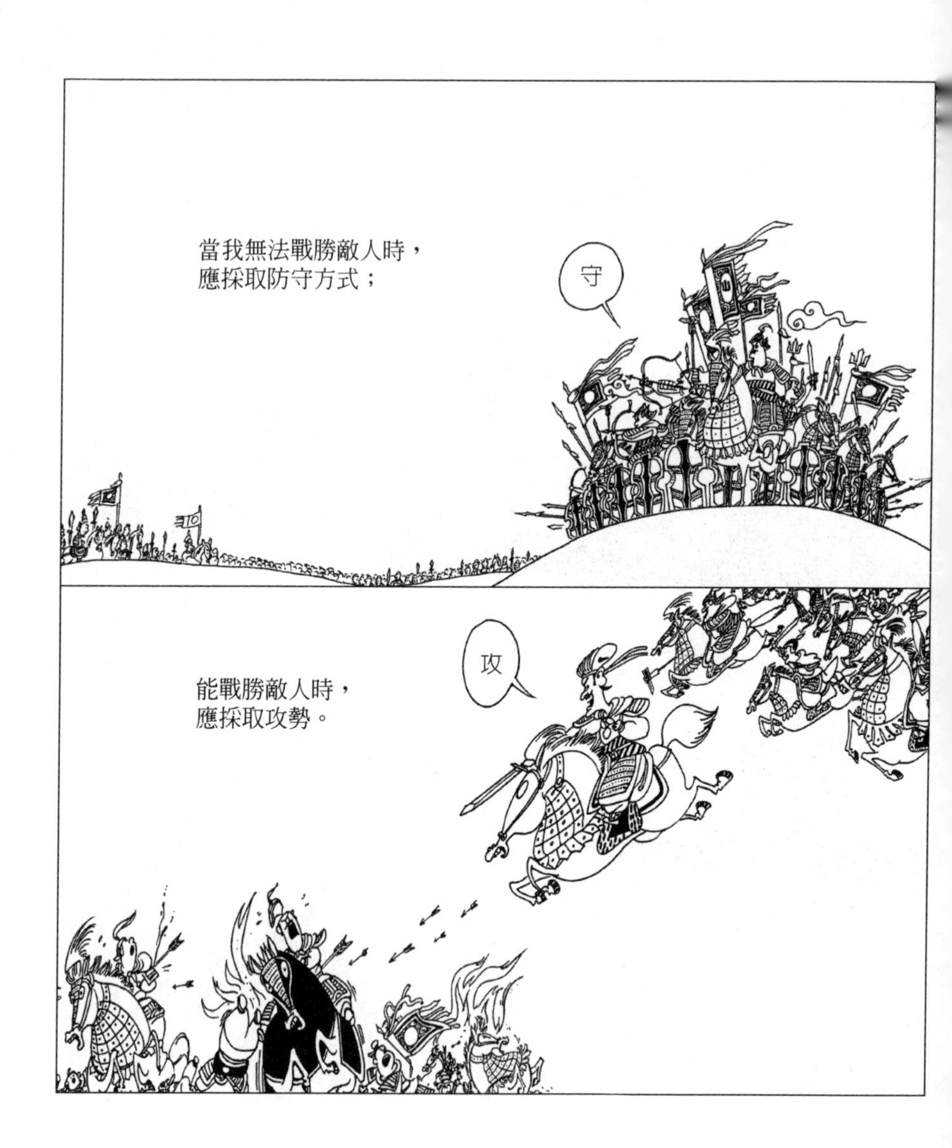
當我無法戰勝敵人時，
應採取防守方式；
守
攻
能戰勝敵人時，
應採取攻勢。

防守是由於取勝
條件不足，
弱
進攻則是因爲我
有充裕的力量。
強
善於防守，像深藏於地底一樣，
使人無法窺知虛實；
善於進攻的，
像天兵下降
一樣，使人
無法防備。

如果做到這樣……則防守時必可確保無虞；
攻擊時定可大獲全勝。
攻
守

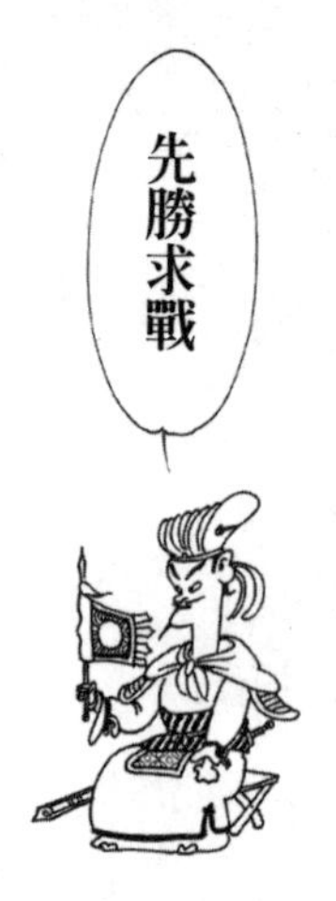
先勝求戰

善用兵作戰者，先要站在不失敗的基礎上，使敵人無機可乘，

而且不要錯過敵人敗亡之機會。

所以勝利者都是
先創造必勝的條件，
然後再與敵人作戰；
現在已有致勝的
把握，衝出去將
敵人打敗吧！
殺！

這次兵爭勝算如何？
至於失敗者呢？
管他的，先打了再說！
他總是先與敵人作戰……
完了！沒想到敵人這麼強悍！
然後再僥倖求勝。
善用兵作戰者的勝利，既顯不出智謀的名聲，也看不出勇武的功勞，因爲他的取勝都是有把握的，其所以有把握是因爲他的措施都已先站在勝利的基礎上，自然能勝過那些已經顯露出失敗徵兆的敵人。

兵勢篇

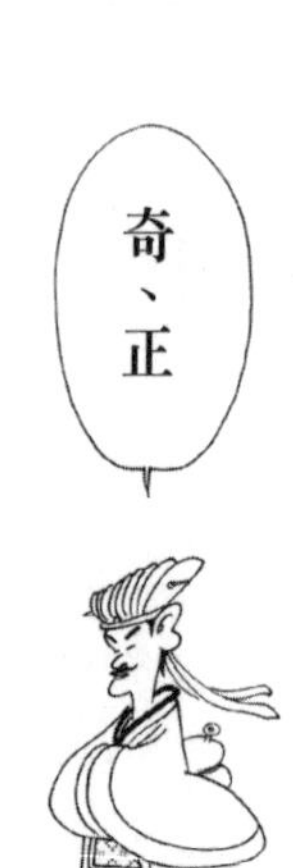
奇、正

管理人數眾多的部隊，要像管理人數少的部隊一樣，這是屬於編組的問題。

指揮大部隊作戰，如同指揮小部隊作戰一樣，這是屬於號令的問題。

大軍人數眾多，要使其一旦受攻擊而不失敗，這是奇、正互相運用的問題。
要能像以石擊卵一樣所向無敵，這是虛實運用的問題。
奇正之變
大凡作戰，都是以用兵的正常法則與敵會戰。
然後順應戰況變化，用奇兵取勝。

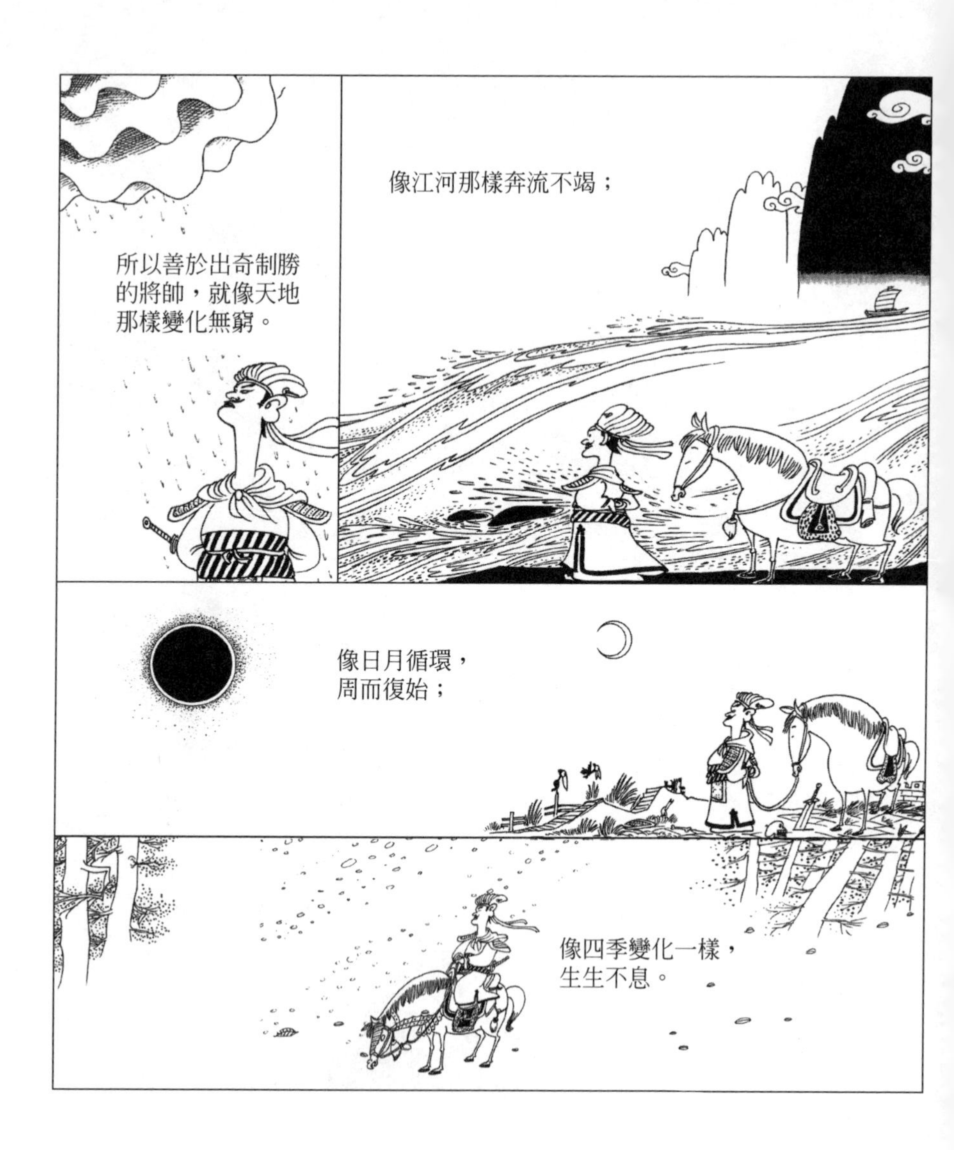
所以善於出奇制勝
的將帥，就像天地
那樣變化無窮。
像江河那樣奔流不竭；
像日月循環，
周而復始；
像四季變化一樣，
生生不息。

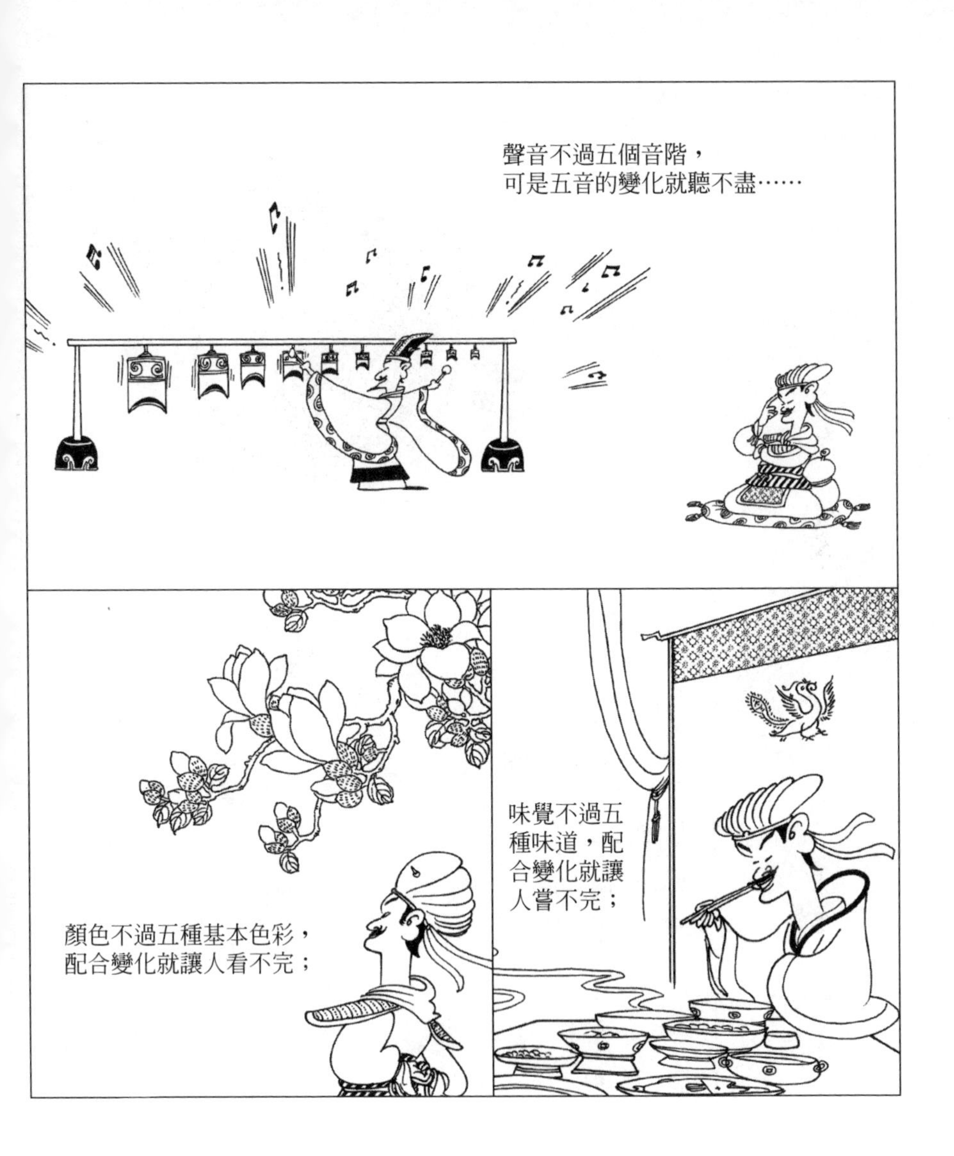
聲音不過五個音階，
可是五音的變化就聽不盡……
味覺不過五
種味道，配
合變化就讓
人嘗不完；
顏色不過五種基本色彩，
配合變化就讓人看不完；

作戰的形態不過是奇、正兩種，配合變化卻是無窮無盡。奇、正互相變化，如同順著圓環旋轉一樣，永無止境。

善用兵作戰的將帥，只會在戰爭態勢上尋求勝利，不會苛責部屬。

因而他能選擇適當人才，造成戰爭有利的形勢。

善任勢的將帥，他與敵作戰，好像轉動圓木與石頭一樣，圓木石頭的特性是放在平坦的地方就靜止；

放在陡斜的
地方就滾動！
所以高明的將帥造就之勢，
如同把圓木石頭從千丈高
山滾下來一樣，
其勢兇猛不可擋，
這就是軍事上所
謂的「勢」。

虛實篇

凡先到達戰地等待敵人的，
就居於從容主動地位，

後到達戰地，倉促應戰的，
就居於疲勞被動。

所以善於用兵作戰者，總是
支配敵人，而不被敵人支配。

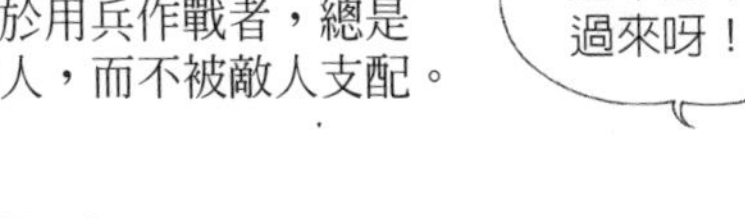

要使敵人來我預定之決戰
地點，是以利引誘的結果；

要使敵人不敢來，必設法防害之，叫他不敢來。
所以敵欲休息，則設法使之疲於奔命；敵欲溫飽，則設法使他飢餓；敵如安處不動，則設法使其移動，俾中我計。
兵形如水
用兵的規律應像水一樣，水是由高往低處流。
用兵的規律是避實而擊虛。

水因地形而
變化其方向。
用兵也要順應敵情
變化而克敵制勝。
所以用兵沒有固定的規則，就像水
沒有固定的形態一樣，能依照敵情
變化而取勝，才算是用兵如神了。
用兵如同「五行」變化一樣，
金木水火土相生相剋，不分誰勝；
木
火
土
金
水
生
克

春夏秋冬，
交替更迭。
日有長有短，
月有圓有缺。
用兵之道，沒有一定的法則，就像水一樣，因地形而改變其流向，故用兵無常形，避實擊虛，隨時依敵情變化，而變化我之奇正。

軍爭篇

以迂爲直
大凡用兵的法則，是到前線
與敵軍爭奪有利的制勝條件。
如何化迂
迴曲折之
遠路爲直
線近路，
比敵軍先
趕到戰場。
如何化種種
不利爲有利。

嘻嘻嘻……
在互相爭奪有利的制勝條件中，既有其有利的一面，也有其危險的一面。
利與弊
全軍人馬輜重一同行動，則必定遲緩；
可是若將輜重裝備留在後方，行動雖快，但有時會被敵人奪去。
哈哈哈，奪到敵人的後勤補給裝備，這場戰爭我贏定了。
哇

況且，輕裝疾行、晝夜不息，
雖可加倍速度日行百里，
但隊伍必定散亂，因為
部隊中強勁者先到，疲
憊者落後，只有十分之
一人馬能趕到戰場。
倉促應戰，必致失敗，三
軍將帥都有被俘的可能。
所以軍中沒
有後勤輜重，
不能生存；
沒有糧食補給，不能生存；
沒有裝備儲存，不能生存。
而且不瞭解列國諸侯之企圖，
不能與其結交聯盟；
不瞭解山林、險阻、
沼澤地理形勢，便不
能行軍作戰。
不能運用當地
鄉民作嚮導領
路，便不能獲
知有利地形。

風林山火

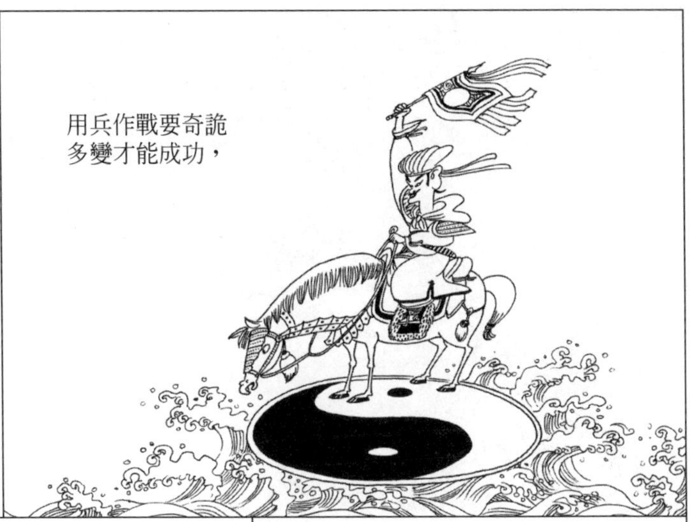
用兵作戰要奇詭
多變才能成功，

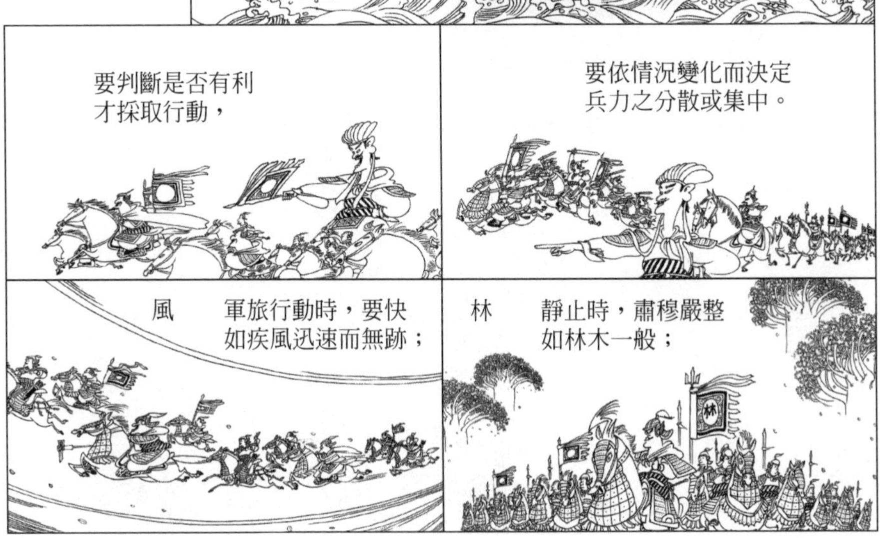
要判斷是否有利
才採取行動，
要依情況變化而決定
兵力之分散或集中。
風
軍旅行動時，要快
如疾風迅速而無跡；
林
靜止時，肅穆嚴整
如林木一般；

火　攻擊時，如
燎原烈火；
山　防守時，
如山嶽一樣不可動搖；

陰　隱蔽時，匿形斂跡如烏雲遮天，使敵人無從知曉；
?
雷霆
快速行動時，如迅雷電，使敵人無從退避。
用兵要根據敵情變化，權衡情勢，相機而動，因敵制勝。能確實做到風、林、火、山、陰、雷霆的境界，便易獲勝。

九地篇

內線作戰
自古以來，善用兵作戰者，能使敵人前後無法顧及。
大部隊和小部隊之間無法聯繫，各自為戰，不能相救援。
也無法收兵轉移，士卒潰散不集中，主力未能齊一，即行攻擊。

總之，有利才行動，
無利則不妄動。
如果敵人以優勢
的兵力，且行伍
齊整向我進攻，
該怎麼辦？
先攻擊敵人必須援
救保護的目標，則
能使敵人受制於我。

用兵之首，首在迅速，
乘敵人措手不及。
走敵人料想不到的
道路，攻擊敵人不
防備的地方。

用間篇

用間
凡動員十萬大軍，遠征千里，人民的損耗加上國家的開支，每天都要用很多錢。
而且舉國騷動，人馬疲於奔命，百姓不能從事本身職業的，將達七十萬家。
敵我對抗幾年，爭的就是最後勝利的一刻……
如果吝嗇爵祿和金錢，以致做不好情報，不明敵情而遭失敗，那就太沒有仁心了。
這種人，不是軍旅的好統帥，不是國君的好助手，更不能成為勝利的主宰！

所以英明的君主，賢能的將帥，之所以一出兵就能戰勝敵人，就是能先瞭解敵情。
要明瞭敵情，不可取決於鬼神迷信！
不可以用過去相似的事作比較推測。
也不可用占卜問卦作依據。
一定要取決於間諜的情報，才能真正瞭解敵情。

五間
使用間諜有五種：有鄉間、有內間、有反間、有死間、有生間。
五種間諜同時運用起來，使敵人覺得你莫測高深，有如神話般的奧妙，這是國家元首最重要的法寶。
「鄉間」就是利用本國鄉人，住在敵國做間諜。
「內間」就是利用敵國官吏做間諜。

「反間」就是利用或收買
敵人間諜而為我所用；
「死間」就是利用我方間諜，
送假情報給敵人，或奉命赴
敵國工作不期生還者。
「生間」就是指派
間諜刺探敵情後，
回國報告情報。
所以軍中一切事務，
沒有比間諜更親信了，
也沒有比間諜
賞賜更厚了，
他的待遇比
我們好多了。
沒有比間諜更能
賦予機密的了。
身負機密，
神出鬼沒。

不是才智過人的
將帥，不能運用
間諜；
不是大仁大義的人，
不能差遣間諜；
不是用心微細手段
巧妙的人，不能鑑
別間諜情報的眞僞。
微妙啊！微妙啊！
眞是無處不可用間。
不過用間的計謀，
尚未施行就洩露的話，
間諜與洩密者，都應處死。

凡是要攻擊目標、占領城塞、刺殺敵將，必須先將其守將、幕僚、秘書、護衛、侍從的姓名、性格都令間諜偵查清楚。
更須查出敵方間諜，收買而利用之，作爲我方的反間；
借「反間」之助，再培養「鄉間」、「內間」，再借此可利用「死間」假造情報欺敵，再借此而利用「生間」如期回來報告。

這五種間諜之運用，國君應該瞭解其運用的關鍵就在「反間」。

所以對「反間」不能不特別優待。

所以明智的國君和將帥能運用
智慧高明的人才做情報工作，
一定能成大功。

這是用兵作戰的首要，整個
軍旅都要依靠間諜提供情報，
才能採取行動。

漫畫韓非子

韓非子的一生

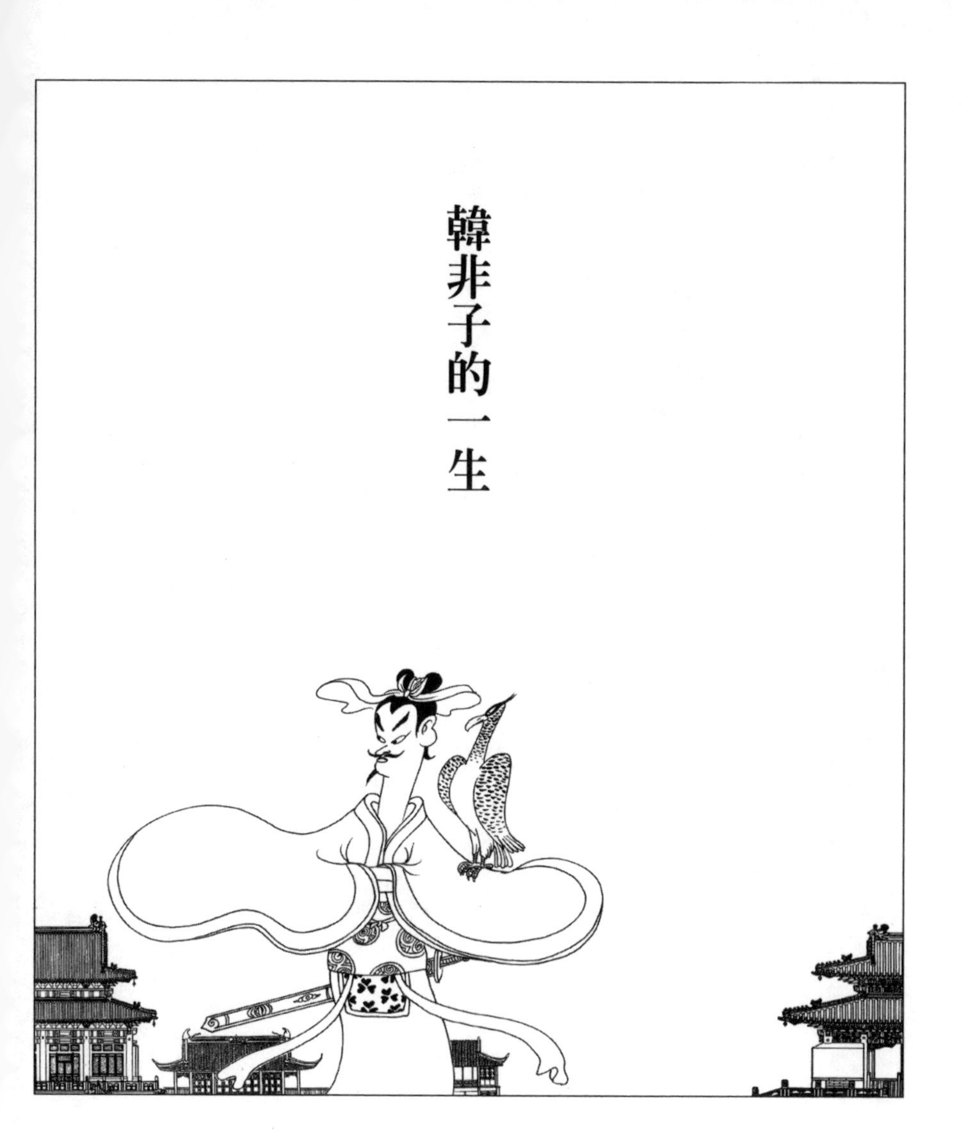

韓非子的一生

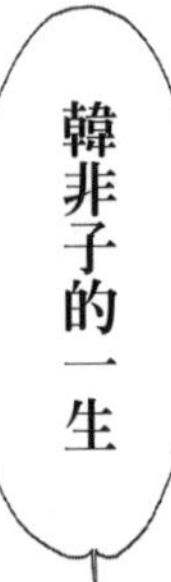

韓非子是戰國末年韓國的公子，
他喜好刑名法術之學。

後來又到楚國跟大儒
荀卿學習，李斯曾經
和他同學，自以爲趕
不上他……

在戰國七雄之中，韓國最爲弱小，
由於地接強秦，飽受威脅；

加上韓王羸弱，
政權落於重臣之手。

內憂外患，再不
救亡圖存，國家
將隨時會滅亡……

韓非子眼見韓國危弱，
屢次上書給韓王，
提出救國的方策……

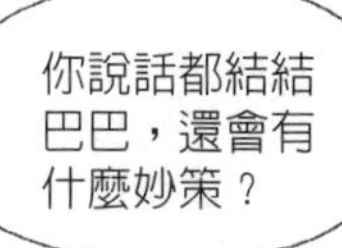

你說話都結結巴巴，還會有什麼妙策？

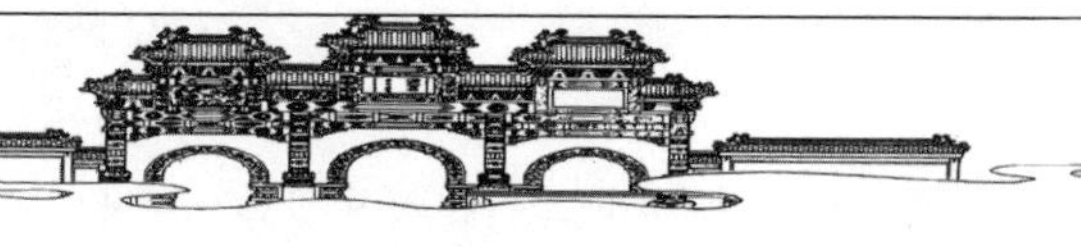

由於權貴大臣的阻撓，
韓非子無法施展抱負……

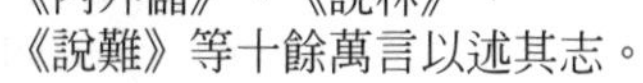

於是發憤著書，寫了《孤憤》、《五蠹》、
《內外儲》、《說林》、
《說難》等十餘萬言以述其志。

這兩篇寫得太好了，大概是古人所作的吧？
當他的作品流傳到秦國的時候，
秦王政看了《孤憤》、《五蠹》
兩篇文章，大爲嘆服……

我若能會見這個作者，和他交遊談論，便可死而無憾了！

這是我的同學韓非子所作的，大王想見他應該不難。

太好了，想辦法讓他來秦國見我吧。

秦王政十三年秦國攻打韓國，
韓王派遣韓非子到秦國遊說秦王。
秦王在咸陽很高興地接見
韓非子，但並不信任他。
你寫得真好，
我很同意你書
中的見解。
大王很欣賞韓非子，
若是真的錄用他，
定會影響你的前途。
是啊！
韓非子是韓國的公
子，定會以韓國的
利益為利益。
今大王欲併呑諸
侯，韓非子定不
會為秦滅韓的。
既然不能用他，
只好叫他回去吧。
大王，
千萬不可！

韓非子留在咸陽多時，現在放他回去必會為秦國留下後患。
既然如此，只好先把他關在牢裡，以後再發落他。
幹麼把我關起來？
嘻嘻
逼他把這毒藥吃了，免得節外生枝。
是。
大王令你即刻仰藥自殺，快把藥吃了。
嗚
我韓非子一生不得志，今天還受如此的冤枉，死得不明不白。

秦王政十四年，韓非子
壯志未伸，飲恨以歿。
韓非子畢竟是個人才，
還是赦免他，放他出來吧。
不久，秦王
後悔了……
大王，太
遲了。
韓非子已在獄中
服毒自殺了。
可惜啊！可惜啊！
這樣一個人才竟然
死得這麼的早……
韓非子死後三年，韓國滅亡，
十二年，秦始皇統一天下。

韓非子的哲學

堅守本位

韓昭王醉酒，和衣而睡，
掌帽的擔心他著涼，
拿衣服蓋在他身上。
誰替我加
蓋衣服的？
是掌帽的。
於是昭王同
時處罰掌帽
的和掌衣的。
掌衣的忽略職責，掌帽的
超越職守，兩人都該罰。
人君對臣下的原則是：臣僚不准
超越職守而建立功績，不准鋪陳
言論與行事不合。如此，有職守
的人便能處理好份內的職務。

爪牙

虎豹所以能危害人類，捕食百獸，是因爲牠們有銳利的爪牙；
救命！
牠無爪無牙，沒有什麼可怕的。
如果虎豹失去了爪牙，就要被人制服了。

賞罰
權勢便是人主的爪牙；

軟腳蝦，沒有什麼可怕的。

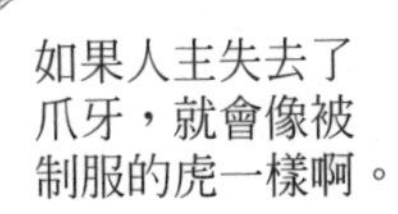
如果人主失去了爪牙，就會像被制服的虎一樣啊。

人君身死國滅，是因爲大臣太尊貴，近臣有威勢，於是人主漸漸失去權力；人主失去權力卻能保有國家，一千個當中沒有一個。

說之難
非知難
鄭武公想征伐胡國……
故意先把女兒嫁給胡國的國君做妻子，來討他歡心。
過了不久，他問大夫關其思說……
我想對外用兵，哪一國可以攻打呢？
胡國可以攻伐。
胡國與我有婚姻關係，你卻要我去討伐他？來人啊！把他拖出去砍了！
鄭王對我真好，今後不必再防備鄭國了。

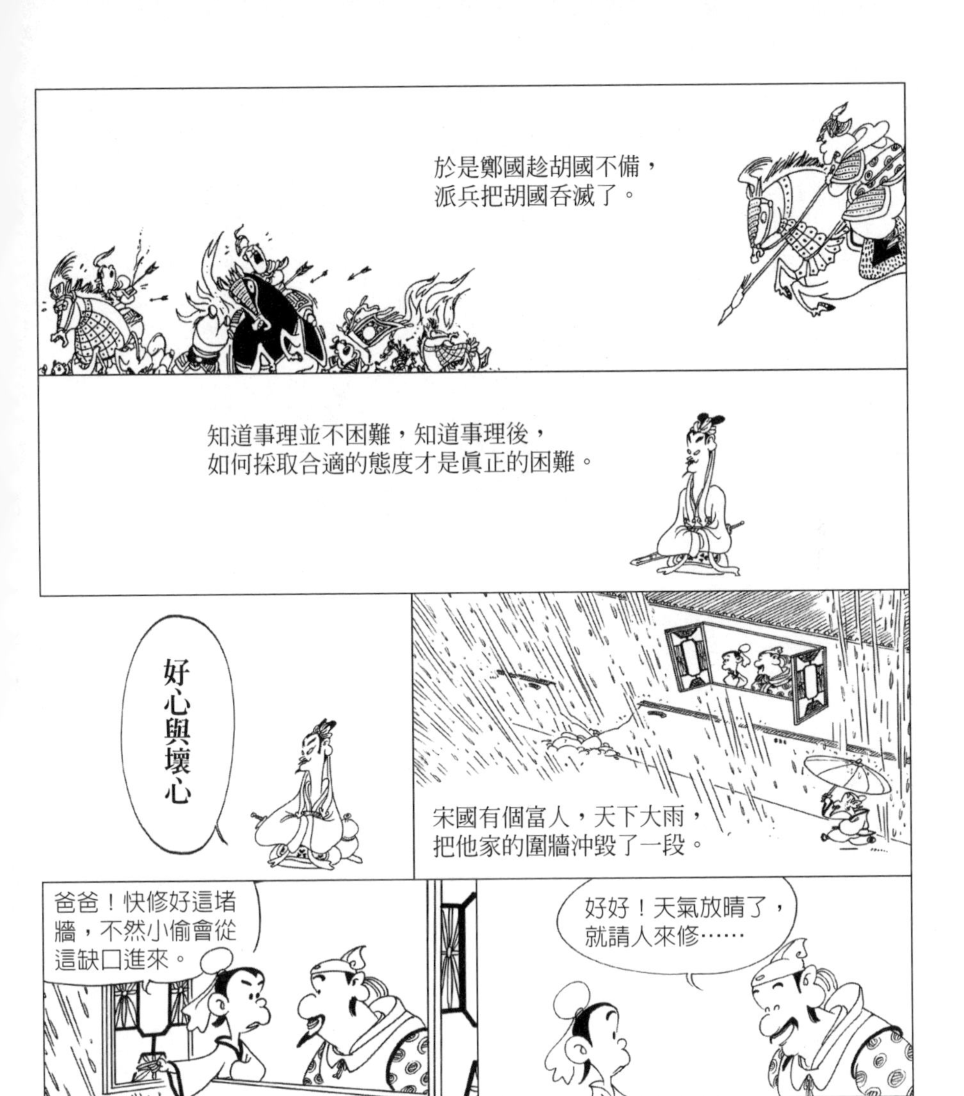
於是鄭國趁胡國不備，
派兵把胡國吞滅了。
知道事理並不困難，知道事理後，
如何採取合適的態度才是真正的困難。
好心與壞心
宋國有個富人，天下大雨，
把他家的圍牆沖毀了一段。
爸爸！快修好這堵
牆，不然小偷會從
這缺口進來。
好好！天氣放晴了，
就請人來修……

嘿！你們的牆塌了，
快修好它，不然會遭
小偷的……
好好！
我會的……
當晚……
果然遭小偷，
偷走了不少財物……
是從那缺口
進來的。
哇！果然
被偷了！
兒子，你真聰明，
判斷非常正確！
嘻嘻……

不過……我猜小偷一定是鄰家的那個老頭子！

給人忠告的困難，不在於忠告者本身，難在於必須瞭解忠告對象的心理，鄰家老頭與富家關係不夠深厚，交淺言深，不能取信於人，反而遭人猜疑。

有一位駕車能手王良，
他非常疼愛馬匹；

而越王勾踐非常
愛護他的臣民。

王良愛馬爲的是希望
馬兒跑得更快；
勾踐愛民爲的是希望
人民能勇於戰鬥。
醫生所以爲病人吸
膿吮血，並不是出
於仁義，而是爲了
自身的利益。
求神保佑大
家都發大財。
造馬車的人希望
人人都富貴；
開棺材店的人希望
人人都早死。
終有一天會
等到你們。
極樂棺材店

別人死了我才
有生意做呀！

別人發財了才
有錢買車呀！

這並非造馬車的人比較好心，
而開棺材店的人毫無人情味，
主要是因爲大家富貴，馬車才
賣得出去，有人死了，棺材店
才會有生意。

人往往爲自己的利益考慮，同樣一件
事情發生，有獲利的必然有受害的，
有受害的也必然有人獲利。

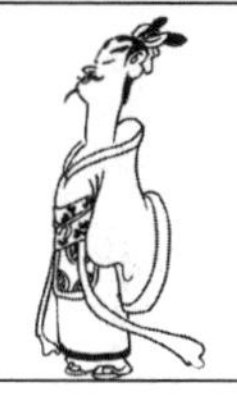

聖人沒有恥辱

越王勾踐到吳國事奉吳王夫差，
親自拿著武器爲吳王開路……

所以後來能在
姑蘇殺死吳王。

周文王被商紂拘繫在玉門，完全沒有悲忿之情。
到周武王便能在牧野把商紂誅滅。
勾踐成爲霸王，事奉吳王並不算缺憾；周武王統有天下，父親被拘囚也不算恥辱。所以老子說：「聖人沒有恥辱，因他不認爲那是恥辱，所以就沒有恥辱了。」
箕子的憂慮
從前商紂用象牙做筷子，箕子便開始懷疑懼怕。
大王用象牙筷子，有何好驚慌的？
呀！不好了……

他用象牙筷子，就
一定不會用泥土燒
成的陶器，而使用
寶玉做的杯盤。

使用象牙筷、玉石杯盤
就一定不會吃菽藿所做
的菜肴，而會吃牛象豹
等肉食。

吃牛、象、豹等肉食，就
一定不會穿著粗布短衣，
在茅草屋下用食，而是著
錦衣在青石高臺中食用。

我害怕發展到這
種地步，所以現
在非常擔憂啊！

箕子看到象牙筷子，就知道天下會有禍亂。所以老子說：「能夠看出細微的徵兆，就算是明察了。」

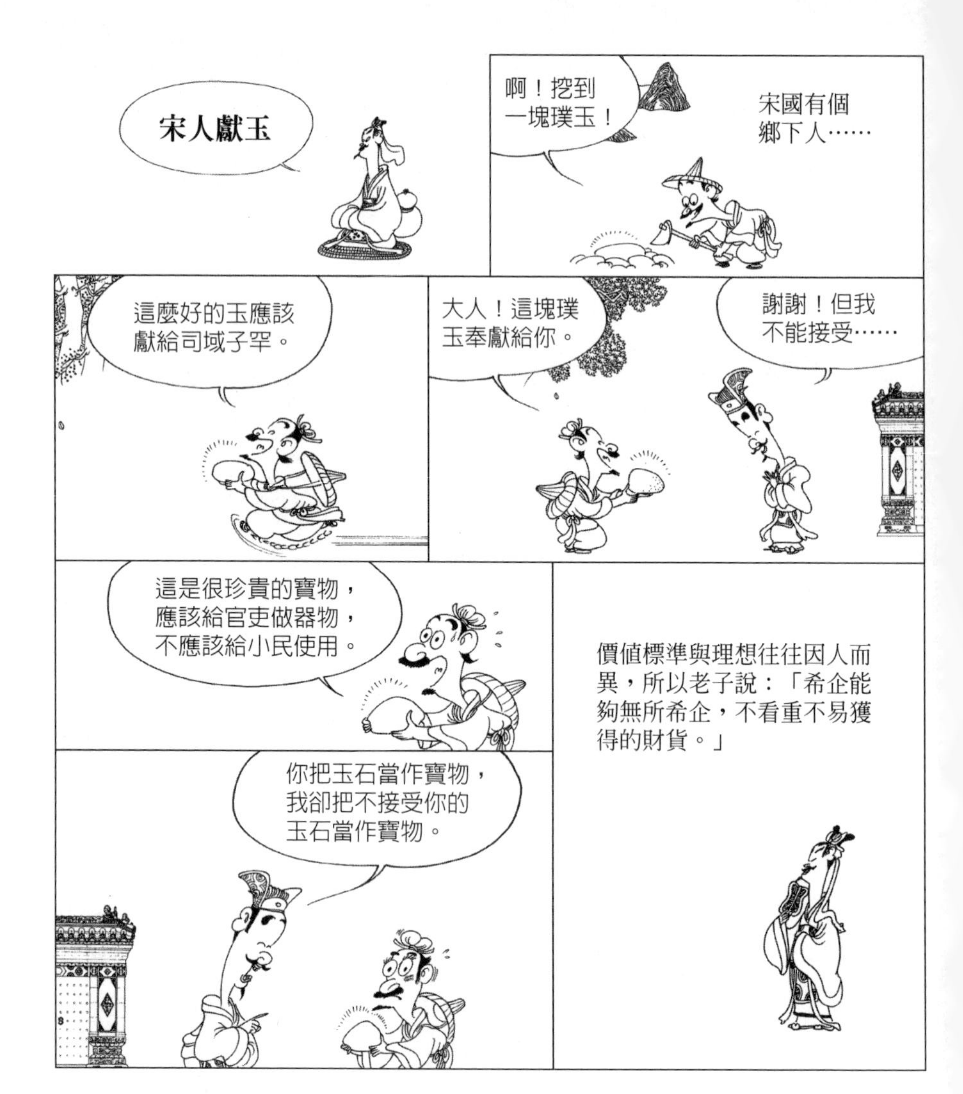
宋人獻玉
宋國有個
鄉下人……
啊！挖到
一塊璞玉！
這麼好的玉應該
獻給司域子罕。
大人！這塊璞
玉奉獻給你。
謝謝！但我
不能接受……
這是很珍貴的寶物，
應該給官吏做器物，
不應該給小民使用。
你把玉石當作寶物，
我卻把不接受你的
玉石當作寶物。
價值標準與理想往往因人而
異，所以老子說：「希企能
夠無所希企，不看重不易獲
得的財貨。」

一鳴驚人
楚莊王即位，三年當中沒有發佈命令，也沒有處理政事。
右司馬對莊王說：
有一隻大鳥，落在南面的山丘上，三年中不飛也不叫，寂靜無聲，這是什麼鳥？
三年不展翅，是要使翅膀長大；不飛不叫，是要觀察臣民的態度。
牠雖然不飛，一飛必定沖上天空；牠雖然不叫，一叫必然駭人聽聞。

你不必掛慮，
我懂你的意思。
那就好。
過了半年，楚莊王自己聽政，廢除十樣事情，舉辦九項措施，殺了五個大臣，選拔了六個處士。國家便非常平治。
派兵進攻齊國，在徐州將齊擊敗，又在衡雍擊敗晉國……
在宋國會合了諸侯，
於是稱霸天下。
莊王不因小失大，所以能成就大名聲，不曾早日顯露自己的意圖，所以能成就大功績，正如老子說：「大器晚成，大音希聲。」

得勝之道

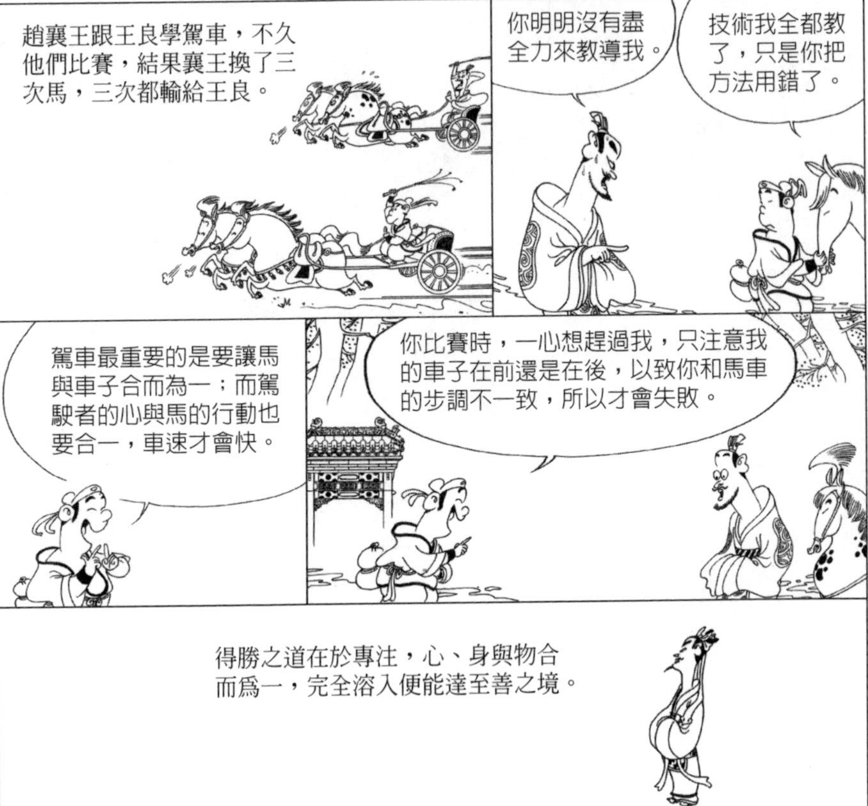

趙襄王跟王良學駕車，不久他們比賽，結果襄王換了三次馬，三次都輸給王良。
你明明沒有盡全力來教導我。
技術我全都教了，只是你把方法用錯了。
駕車最重要的是要讓馬與車子合而為一；而駕駛者的心與馬的行動也要合一，車速才會快。
你比賽時，一心想趕過我，只注意我的車子在前還是在後，以致你和馬車的步調不一致，所以才會失敗。
得勝之道在於專注，心、身與物合而爲一，完全溶入便能達至善之境。

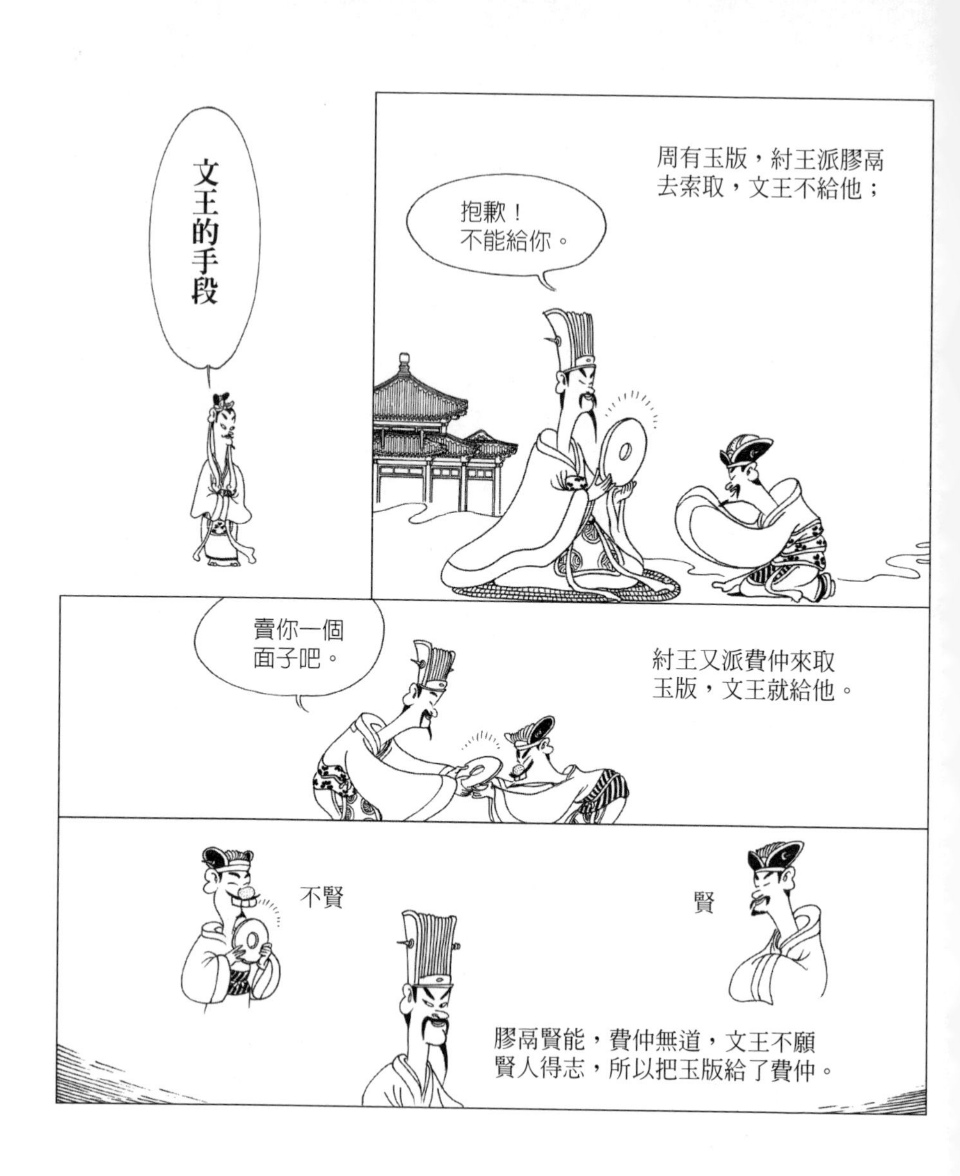
文王的手段
周有玉版，紂王派膠鬲去索取，文王不給他；
抱歉！不能給你。
紂王又派費仲來取玉版，文王就給他。
賣你一個面子吧。
不賢
賢
膠鬲賢能，費仲無道，文王不願賢人得志，所以把玉版給了費仲。

文王在渭水邊提拔太公望，立他爲軍師，這是善用賢人。

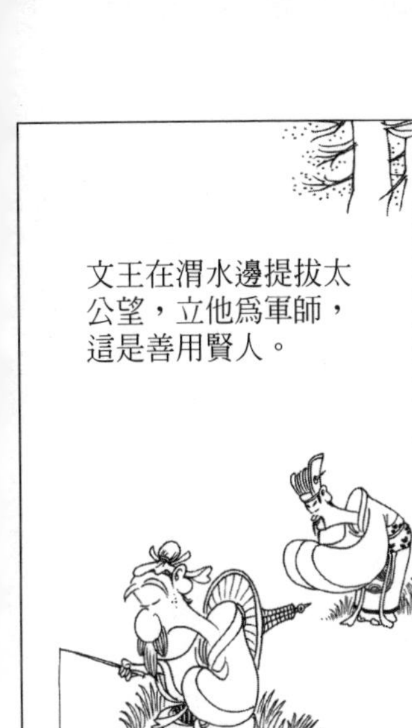

把玉版交給費仲，希望他能幫助自己滅紂，這是善用惡人。

不尊重所師禮
善用所借資的，雖然自以爲智，其實是迷惑愚昧的，這是極微妙的道理呀。

子夏對曾子說：

你怎麼變得這麼胖了？

因為打了勝仗，所以長胖了。

你是指
什麼事？
我在家讀書，
讀到先王之道，
覺得很有道理；

走到外面，看見富貴人家
歡樂度日，也很羨慕……

這兩種想法，
一直在我腦中戰鬥，
難分勝負，所以消瘦。

現在因為先王之道打
勝了，所以才胖了。

人立定志向，並循著志向去做，
往往會碰到很多誘惑與困難；
戰勝別人不難，但要戰勝自己
可不簡單。

巧詐不如拙誠

魏將樂羊去攻打中山國，
他的兒子那時在中山……
將軍！中山國君把
令子煮死，做成肉
羹送給你吃……
待我把這碗肉羹喝光，
再出兵把中山踏平！
樂羊滅掉中山回來，
文侯獎賞他的功勞，
但是懷疑他的忠誠了。
魏文侯對
堵師贊說：
樂羊為了我的緣故，
而吃他兒子的肉。
兒子的肉都肯
吃，還有誰的
肉不肯吃呢？

孟孫打獵，
獲得一隻小鹿。
秦西巴，你先把
小鹿帶回宮裡。
是。
母鹿跟著悲啼，秦西巴不忍，
便把小鹿還給牠帶回去……
我獵得的
小鹿呢？
母鹿一路跟著悲啼，
我實在不忍，就把
小鹿放回去了。
你好大膽，敢自作
主張放了小鹿，不
怕我生氣？
孟孫非常生氣，
就把秦西巴趕走。
過了三個月，又把他
喚回來做兒子的師父。

以前你要懲罰他，現在又用他做你兒子的師父，是什麼道理？
他不忍心小鹿受苦，怎麼會忍心我的兒子受苦呢？
巧妙的詐僞不如愚拙的誠實。樂羊因爲立功而引起懷疑，秦西巴因爲獲罪而更被相信。

老馬識途

管仲和隰朋討伐諸武歸來，途中迷失路途……
找不到回國的路了。
我們可以借重老馬的智慧，讓牠帶路。
好辦法。

請你領路吧。
果然找到了大路。
又有一次，走到山林裡，因爲沒水喝，而飢渴萬分。
渴死了……
螞蟻冬居山南，夏居山北，在一寸厚高的蟻塚下方八尺處必有水。

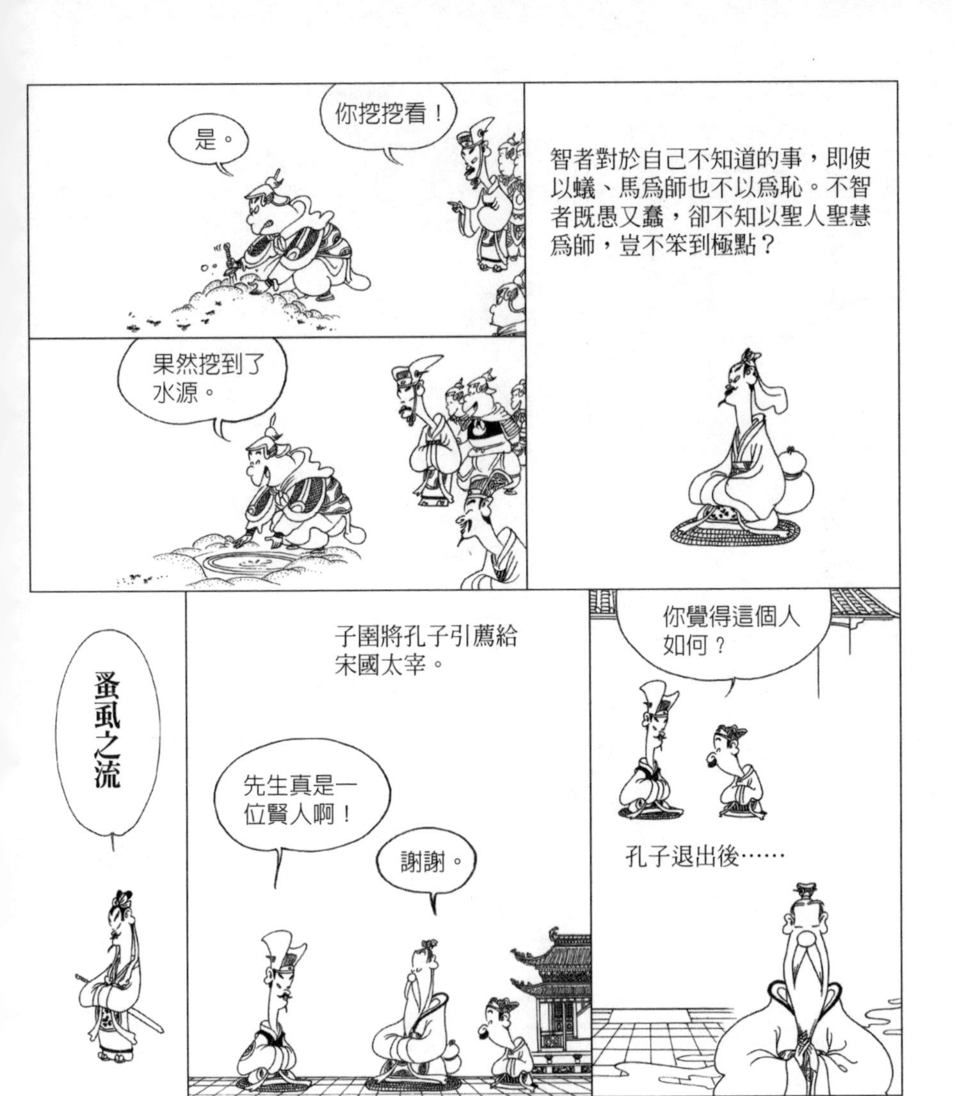
你挖挖看！
是。
智者對於自己不知道的事，即使以蟻、馬爲師也不以爲恥。不智者既愚又蠢，卻不知以聖人聖慧爲師，豈不笨到極點？
果然挖到了水源。
蚤虱之流
子圉將孔子引薦給宋國太宰。
先生真是一位賢人啊！
謝謝。
你覺得這個人如何？
孔子退出後……

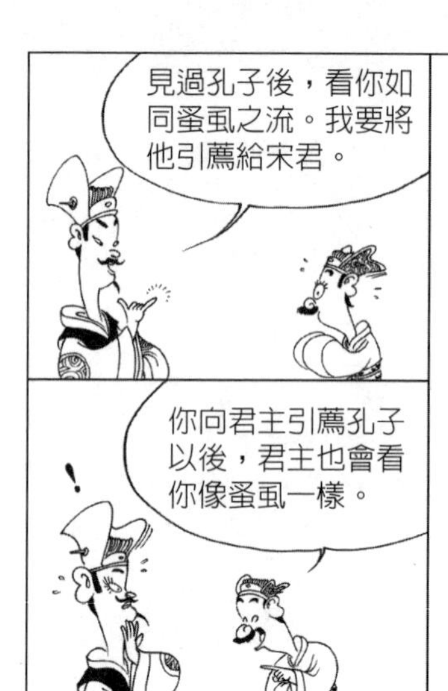
見過孔子後，看你如同蚤虱之流。我要將他引薦給宋君。
你向君主引薦孔子以後，君主也會看你像蚤虱一樣。
!

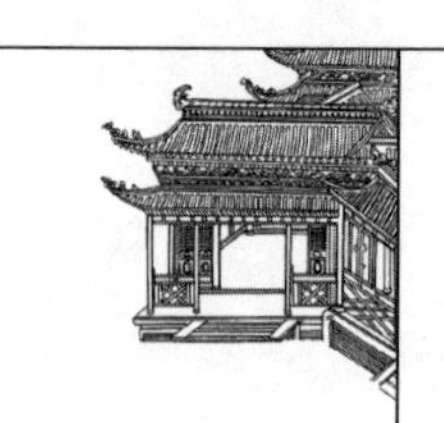

於是，太宰因此沒將孔子引薦給宋君。

下屬往往因怕自己失寵，而不推薦比自己優秀的賢人。如何開闢管道，不蔽賢人，是君主的課題。

衛人嫁女

有一個衛人，在女兒出嫁時告誡她說：
出嫁後，定要積私房錢，嫁人後被休掉是常見的事，留點錢以防萬一。

女兒果然很聽話，一直偷偷地積私房錢。

後來婆婆以她積蓄私財過多爲由，把她休掉了。
爹！我被休回來了，不過我的財產比出嫁時多了一倍。
做得好，真聰明。
人性自利，過度的爲自己的利益考慮，於是忘了自己應做的角色，今之官吏作事，往往都是這一類的。
魯人徙越
魯國有一對夫妻，很擅長編麻鞋、織熟絹，他們打算到越國謀生。
你二人前往越國，一定會窮苦無依。
為什麼？

因為麻鞋是穿在腳上的東西，而越國人都是赤足而行；熟絹是作冠的材料，而越人都是散髮披頭的。
你們雖精於這些技藝，但是到一個不需要的國家，貨物必然滯銷，當然會變得窮困了。
!

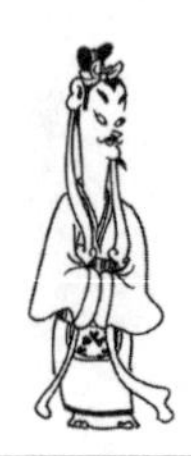

成功的要件是要在對的時間，對的地方，做對的事情。
選錯了時間、地方做事，不失敗也難！

遠水近火

魯穆公想讓眾公子到晉國或楚國作官，黎鉏諫道：
如果請求越國人拯救正在溺水的孩子，儘管越國人泳術多麼高明也救不了這個孩子。
失火到海裡取水，海水雖多，火必定不能撲滅，因為遠水不救近火啊。

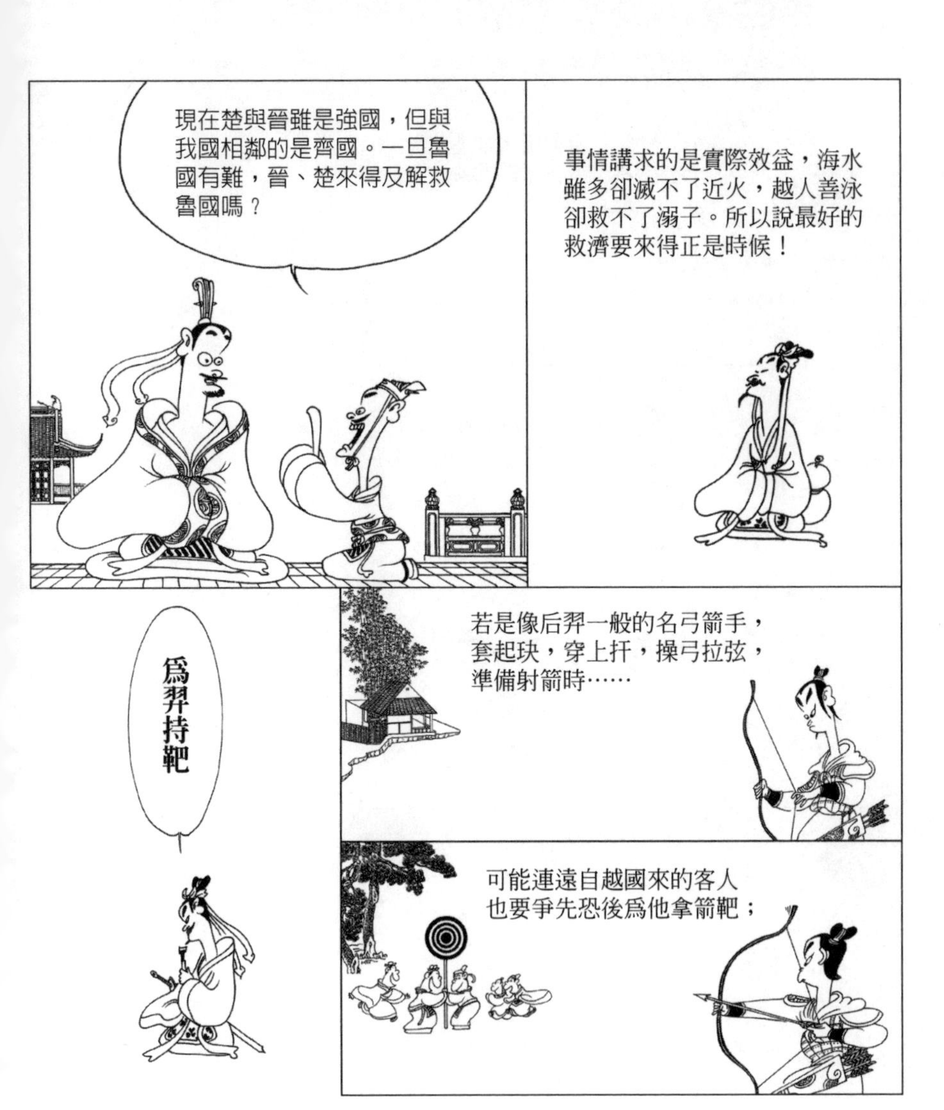
現在楚與晉雖是強國，但與我國相鄰的是齊國。一旦魯國有難，晉、楚來得及解救魯國嗎？
事情講求的是實際效益，海水雖多卻滅不了近火，越人善泳卻救不了溺子。所以說最好的救濟要來得正是時候！
爲羿持靶
若是像后羿一般的名弓箭手，套起抉，穿上扞，操弓拉弦，準備射箭時……
可能連遠自越國來的客人也要爭先恐後爲他拿箭靶；

危險！
若是幼齡稚童射箭，則連慈母
都要走避室內，緊閉門窗。
已知萬無一失的事，陌生人也信得過；
而沒有把握的事，連親子也不能相信他。
預兆
有一個男人與一個性情
殘暴的人比鄰而居……
這個人不堪忍受，
想變賣家產遷居。

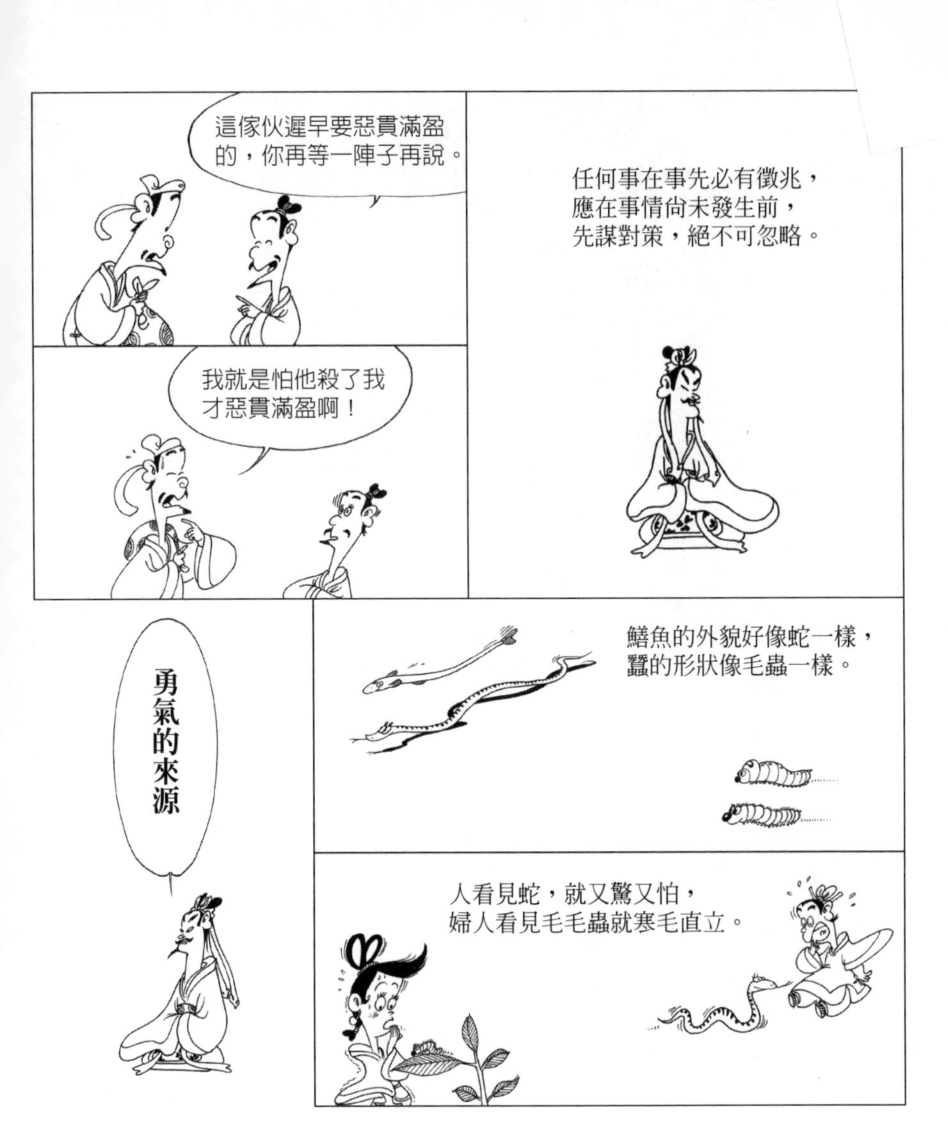
這傢伙遲早要惡貫滿盈的，你再等一陣子再說。
我就是怕他殺了我才惡貫滿盈啊！
任何事在事先必有徵兆，
應在事情尚未發生前，
先謀對策，絕不可忽略。
勇氣的來源
鱔魚的外貌好像蛇一樣，
蠶的形狀像毛蟲一樣。
人看見蛇，就又驚又怕，
婦人看見毛毛蟲就寒毛直立。

可是漁夫見到鱔魚，
卻高興得一把抓住；
農家養蠶，婦女用手
抓蠶兒也毫不懼怕。
只要是利之所在，人們
就渾然忘卻自己的嫌惡、
害怕，而勇往直前。

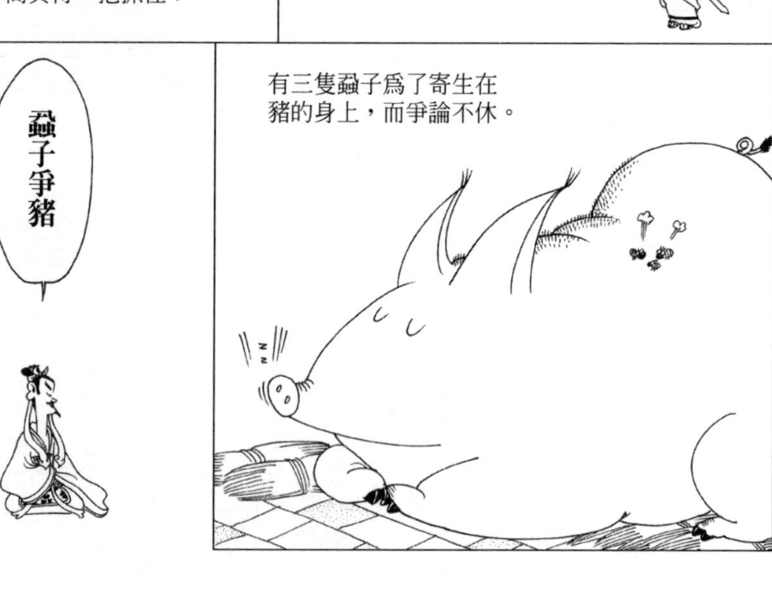
蝨子爭豬
有三隻蝨子為了寄生在
豬的身上，而爭論不休。

你們為了什麼
事在爭吵？
為了爭那塊最
肥美的地盤啊！

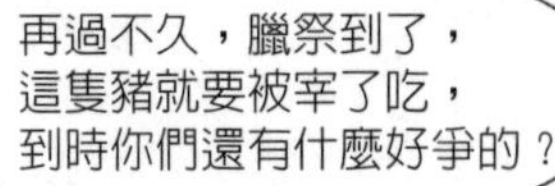

再過不久，臘祭到了，
這隻豬就要被宰了吃，
到時你們還有什麼好爭的？

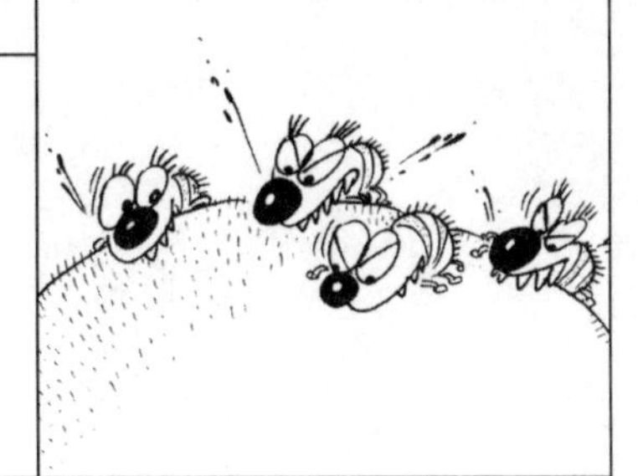
於是這四隻蝨子聯合
起來吸吮這隻豬的血……

使得這隻豬體瘦肉少，
人們也就不想殺牠了。

逐利者往往只看到自己的利益，
因而爭逐不已。往大處著想即能
看清眞正的利害關係。

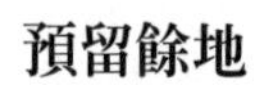

預留餘地

桓赫說：

雕刻木偶最好先把鼻子雕大一點，眼睛雕小一點。

這樣的話，若鼻子太大，還可以改小，眼睛太小，還可以加大。

若一開始鼻子就雕小了，以後再也無法加大。

眼睛一開始就雕得很大，就無法改小了。

凡是若能預先謀劃，以後也不致落到無法挽救，徹頭徹尾失敗的地步。

王壽背著經書，在往周國京城
的途中，遇見了隱士徐馮……

任何事情都是人為的，而
人的行為乃是應時而作，
所以一個智者絕不以為世
上有一成不變的事。

書是因人的智慧而產生的，因
此一個智者絕不抱著書本死讀，
你何苦背這麼多書來走路？

王壽恍然大悟，就把書
燒掉，高興得手舞足蹈。

有智慧的人，不以言詞教人，
也不將書藏於箱中，無所執著，
一切循道而行。

有一種蟲叫做虺，牠只有
一個身子，但卻有兩張嘴……
好吃好吃，
好吃好吃！

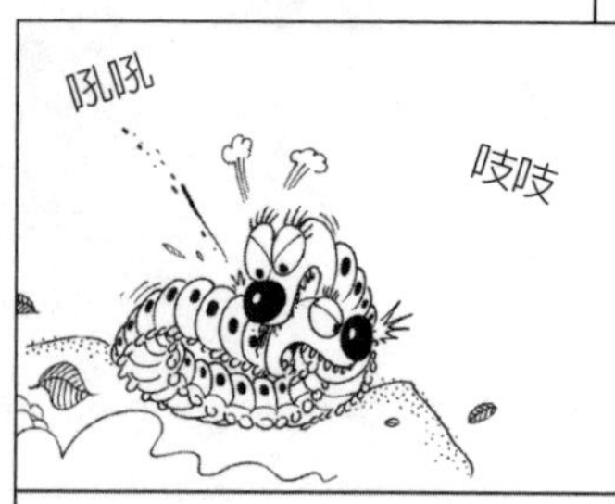

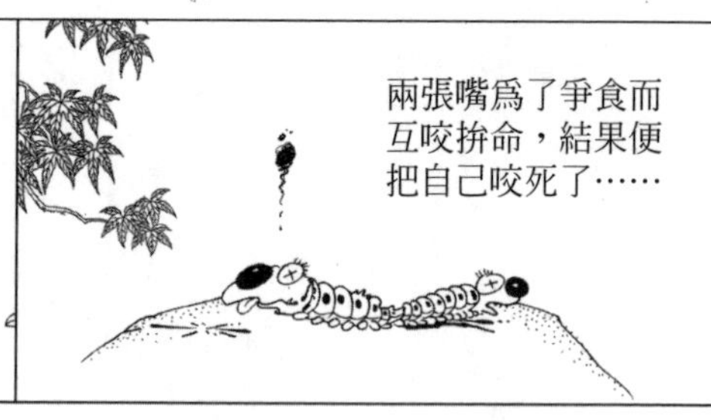

兩張嘴爲了爭食而
互咬拚命，結果便
把自己咬死了……

一個國家的官吏爲了私利互相爭鬥，
而招致滅亡，都是和虺蟲同類的東西。

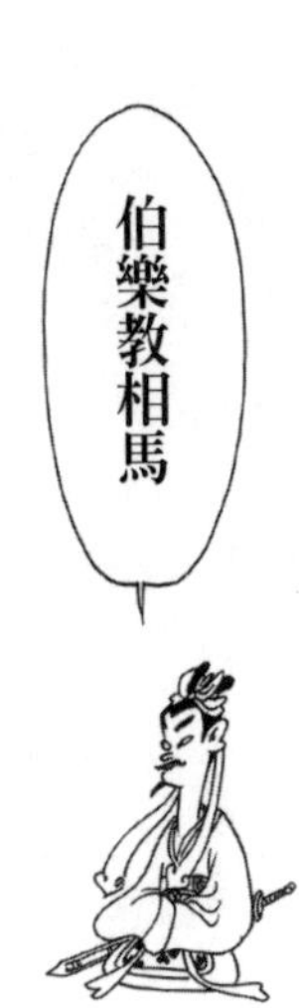

伯樂教相馬

伯樂對不喜歡的人就教他鑑別千里馬。
對他所喜歡的人就教他鑑別普通的馬。

因為千里馬難得一見，獲利得慢，普通的馬天天買賣，獲利很快。

曠世良材千年難求，眞正承擔國家社會的骨幹，多只是平凡中的賢人。能有效運用這些中堅份子即是最善治的人主。

立法如澗谷
董閼于作趙上地的長官，
巡行到石邑山中，
見一澗谷深百仞……
有人曾跌下這澗谷嗎？
沒有。
小孩、瞎子、聾子、精神失常的人，曾跌下去過嗎？
沒有。
牛馬豬狗曾跌下去過嗎？
也沒有。
如果立法嚴厲明確，犯了法就像跌進這深谷，必死無疑，就沒有人敢犯法了。地方還有什麼不能平治的呢？
仁愛太過，
法度就很難建立；
刑法不能堅確，
禁令便無法推行。

僥倖心理
楚國南部，麗水中產砂金，很多人偷偷去採金砂……
禁採砂金
違者處死！
官方的禁令，捉到偷採金砂即在街市上分屍，殺死了很多人。
但是偷採金砂的人還是不停……
把天下給你，可是要把你殺死，你肯嗎？
天下最蠢的人也不會答應。
金砂比起天下差得遠呢，為何冒著分屍酷刑來盜採呢？
因為不一定會被捉到啊！
徹底執行法令，使法網周密不漏，人們無倖免心理，便不會輕易犯法。

越王勾踐想攻打吳國復仇，先試驗自己教訓的功效……

他放火燒臺，擊鼓使人救火，人民爭先救火，是因為救火有賞；

站在江邊擊鼓使人下水，人民爭先赴水，是因為赴水有賞；

作戰時，擊鼓使人前進，人民斷頭剖腹不顧生死，是因為打仗有賞。

信賞必罰，勇士們便能不顧水火，視死如歸。能依據法律進用賢能，其鼓勵的效果將更大很多。

民多輕死
越王好勇
越王勾踐看到鼓腹的怒蛙，
便恭敬地向牠敬禮。
大王，為何
向青蛙致敬？
蛙能這樣激憤，
怎能不向牠致敬！
蛙能激憤，大王還
向牠致敬，何況士
能奮勇呢？
是啊！
這一年，果然有勇士自己
割下頭來奉獻給越王。
士爲知己者死，越王敬重勇士，越人便甘爲
其死。看來，稱譽是可以激勵人犧牲的。

仁義只能說著玩玩

小孩子在一塊兒玩家家酒，拿塵土當飯，拿爛泥當菜，拿木頭當肉……

天黑了，肚子好餓，我要回家吃飯！

肚子餓，就吃這些土飯、泥菜呀！

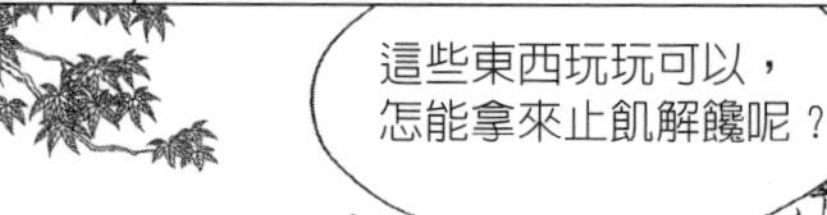

這些東西玩玩可以，怎能拿來止飢解饞呢？

稱揚上古相傳的頌詞，說得儘管動聽，卻不切實；
稱道先王的仁義，卻不能用來治理國家，
這些只能說著玩玩，並不能實用。

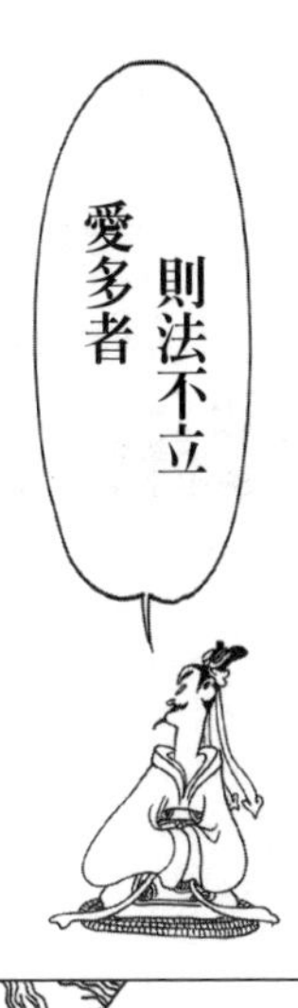

愛多者 則法不立

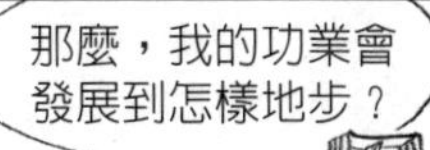

魏惠王問卜皮說：

你聽說寡人的名譽究竟怎樣呢？

大家都稱道大王很慈惠。

那麼，我的功業會發展到怎樣地步？

王的功業會發展到滅亡的地步。

慈惠是做好事，做好事，卻要滅亡，這話怎麼說？

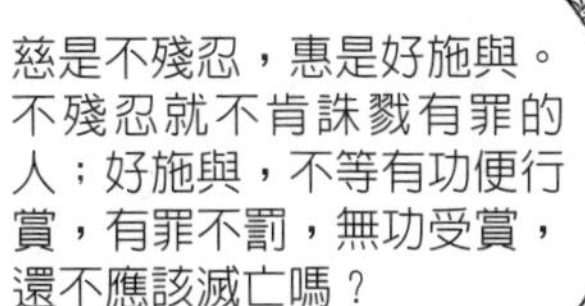

慈是不殘忍，惠是好施與。不殘忍就不肯誅戮有罪的人；好施與，不等有功便行賞，有罪不罰，無功受賞，還不應該滅亡嗎？

仁愛太過，一定常有寬縱，法度就難以建立；威嚴不足，臣下便會侵犯君上；刑法不能堅確，禁令便無法推行。

伺察的方術
燕宰相之子想
試試左右誠實
的程度……
咦？門外有
匹白馬！
誠實的
臣子……
沒有啊！
沒看見啊！
巴結權貴，不
誠實的臣子……
真的有白馬呀！
我出去
瞧瞧！
君主權大位高，臣僚不免會有掩飾欺詐，所以
應略施權宜應變之術，以伺察臣僚的眞假誠僞。

濫竽充數

齊宣王喜歡聽吹竽，
通常是三百人的大合奏。
南郭處士不善吹
竽，但也在樂隊
裡蒙混度日。
宣王死後，湣王即位，
他也喜歡聽吹竽……
君主能鑑別臣下的意見，
臣下的智愚就立刻分明，
不賢者也就無法蒙混度日了。
可是湣王喜歡聽獨奏，
南郭處士就逃走了。

越王試練人民
越王問大夫文種說：
我想討伐吳國，你看行嗎？
可以！
我們賞賜優厚而又確實不誤，刑罰嚴厲而又必定實行，因此伐吳必然可行。
您要是想瞭解情況，何不焚燒宮室？到時便會知曉。
好！
於是勾踐放火燒宮室，但是沒有人去救火……

人民去救火的：要是死了，比照殺敵戰死同樣的賞賜；救火而不死的，比照戰勝敵人同樣的賞賜。
不去救火的，比照戰敗降敵同樣的罪罰。
百姓用防火傷藥物塗抹身體，穿著沾濕的衣服，奔赴火場……
前來捨命救火的百姓，左邊有三千人，右邊也有三千人。
「厚賞重罰」而又能貫徹執行，必能有效的指揮百姓。賞罰運用得合宜，必能掌握絕對勝利的條件。

使民習弓

李悝做魏文侯上
池地的守相，他
想讓人民都精於
射箭……

如果訴訟發生懸疑難斷時，則
以射箭決勝負。射中者勝訴，
未射中者敗訴。
於是他下令道：

命令一下，人民爭相
學習弓術，晝夜不休。

不久，與秦交戰，把敵人打得四處
逃竄，因爲百姓人人精於弓術。

人性自利，要引導別人走向
自己設的目標，要告訴對方
其有利，於是即能達到目的。

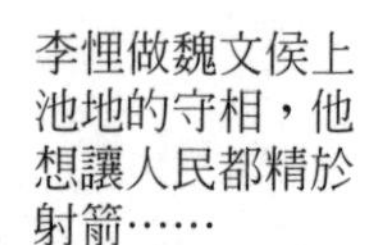

愚弄

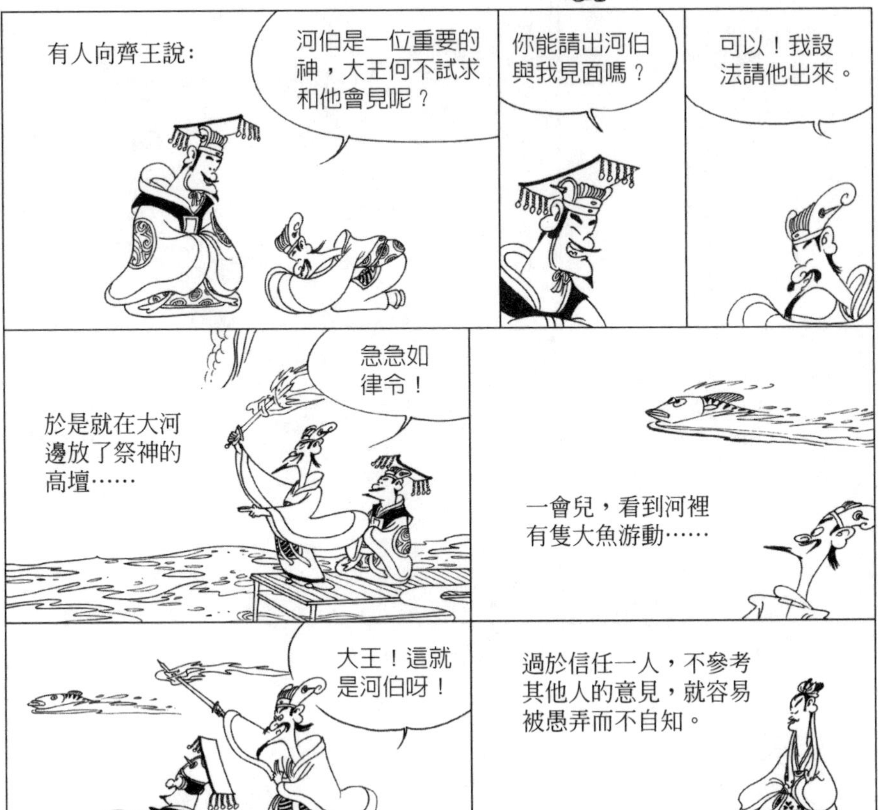
有人向齊王說：
河伯是一位重要的神，大王何不試求和他會見呢？
你能請出河伯與我見面嗎？
可以！我設法請他出來。
於是就在大河邊放了祭神的高壇……
急急如律令！
一會兒，看到河裡有隻大魚游動……
大王！這就是河伯呀！
過於信任一人，不參考其他人的意見，就容易被愚弄而不自知。

水火之性
子產重病將死之前對游吉道：
我死後，你將會掌管鄭國的政治，你必須堅守嚴謹的原則。
像火這種東西，外表看來可怕，但卻很少人被它灼傷……
而水這種東西，外表看來溫和，但是被它溺死的卻不少。
你必須把刑法訂得很嚴密，免得使人因為你的寬容而溺死於其中。
是。

子產死後，游吉所訂的刑法並不嚴，因此盜賊群起，勢力龐大，游吉親自帶兵圍剿，好不容易才把盜賊平定。

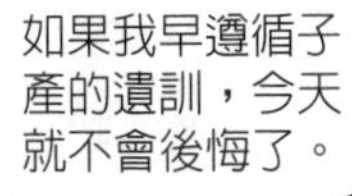

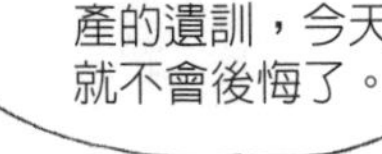

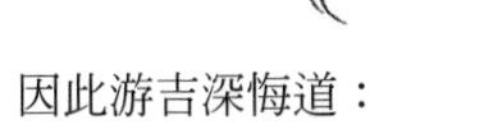

如果我早遵循子產的遺訓，今天就不會後悔了。

因此游吉深悔道：

仁愛太過，法度就難以建立；
威嚴不足，臣下便會侵犯君上；
刑法不能堅確，禁令便無法推行。

妻子的禱告

衛國有一對夫妻，
一起跪著祈禱求福……

請神明讓我不花錢就可以得到一百束布。
!

妳怎麼祈求
得那麼少呢？
若是得到更多，
有了錢你一定會
買一個妾。

君臣的立場不同，利益也往往不同，所以臣下就不肯盡忠，而只爲自己的利益做打算。

太子尚未出生

鄭君問鄭昭說：
太子最近
如何？
太子還沒
降生啊！
太子早已冊立，
怎麼說還沒出生呢？

太子是已經冊立沒錯，可是君主你仍舊好色不已，一旦你所寵愛的妾有了兒子，你必然喜愛……
喜愛就想立他做太子，所以我說太子還沒降生呢！
!
人生常因個人喜好不定，而經常改變原本的決定，使得下屬捉摸不定，以致猜疑內爭不已。
燒不掉的頭髮
去把廚子叫來……
晉文公吃飯時，發現烤肉上粘著一根頭髮……
你想噎死我嗎？為何把頭髮放在烤肉上？

我犯了三個錯誤，罪該萬死……
第一，我把菜刀磨得銳利如同「干將」，但是只切斷了肉而沒切斷頭髮。
第二，我把肉片串到竹籤上，放在火中烤，卻沒有看到頭髮。
第三，爐火那麼旺，肉都烤熟了，頭髮卻沒有燒掉。
可是，在周圍是不是有憎恨我的人呢？
唔……
我知道是怎麼回事了，去把廚房打雜的人叫來審問。
於是晉文公便把他殺了。
原諒我啊！頭髮確實是我故意放的。
事有蹊蹺，就得察明誰可能因事件的發生而蒙受利益？這個人往往就是搞鬼的人。

利害有反
韓昭王洗澡時，
發現熱水中有小石子。
如果掌浴的人免了，
有誰可能遞補的嗎？
有的。
去把這個遞補
的人叫來。
是。
大王有事
找你。
是不是要升
我做掌浴？
你為何把小石頭
擺在熱水裡？
因為掌浴的人要是
免了職，我就有希
望遞補，所以才故
意害他呀……

凡事情發生，有的人因此得利，
有的人因此遭殃。因此，事件發生時，
該察明誰可能因此蒙利，即可得知眞相。

美人無鼻
楚王本來有一個愛妾叫鄭袖……
新近又得到一個美女，深得楚王的喜愛。
妳新來可能不知大王最喜歡看人遮著嘴。
真的？
你如接近大王一定要遮著嘴，大王就會更寵愛妳。
謝謝指點。
此後，美女走近楚王時，就頻頻遮嘴。
她為什麼老是遮著鼻子？

這當然是討厭
你的臭氣。
什麼！
大膽！敢嫌我臭？
割掉她的鼻子！
衛侍便抽刀，把美人
的鼻子割掉了。
哇！
嘻嘻
類似的事情，容易使
人迷惑，這便是君主
誅罰錯誤，大臣們的
詭計得逞的緣故。
卜子妻做新褲
鄭縣有個
姓卜的人……
啊！褲子又
破又舊……
太太，替我
做條新褲吧。
新褲子要
怎麼做？
就仿照我的
舊褲子做！
知道了。

舊褲子有個補丁，
又有點破舊……

瞧！褲子做好了，做
得和舊褲一模一樣。

太太就把新褲弄破，
使它和舊褲子一樣。

今人學古人之道，若不能因時制宜，那麼就會
像卜子的太太一樣，把破舊的補丁也學上去了。

棘刺之端的母猴

有個衛國人知道燕王
喜愛小巧玲瓏的東西。
我可以在棘刺的
尖端雕刻獼猴。

有這麼好的功夫，
就賜你三十方里土地。
什麼時候能看到
你刻好的獮猴？
王若想看雕刻獮猴，
必須半年不進後宮，
不飲酒吃肉。
等雨止日出時，在陽光照
射不到的地方，才能看見
棘刺尖端雕刻的獮猴。
啊……
這麼嚴的齋戒
我怎能辦到……
嘻嘻嘻！
燕王於是供養這個人，但一直
沒能看到刻出來的獮猴。
有位鄭國鐵匠
對燕王說：
我是做刻刀的，雕刻物一定比
刻刀大，棘刺的尖端根本不能
容受刀鋒，怎能雕成器物呢？
大王你叫客人把刻刀
拿出來看看，能不能
在棘刺的尖端雕刻獮
猴就可以知道了。
對啊！

你雕刻獼猴使
用什麼工具？
用刻刀。
我想看一看。
我回客館取
來給王看。
於是趕緊逃走了。
人主聽取言論，假如不以
功用爲目的，遊說的人多
半要講些無中生有、招搖
撞騙的言論了。
民猶水
人君猶盂
君子好像盂，人民
好像盂裡的水。
盂是方的，
水就變成方形。

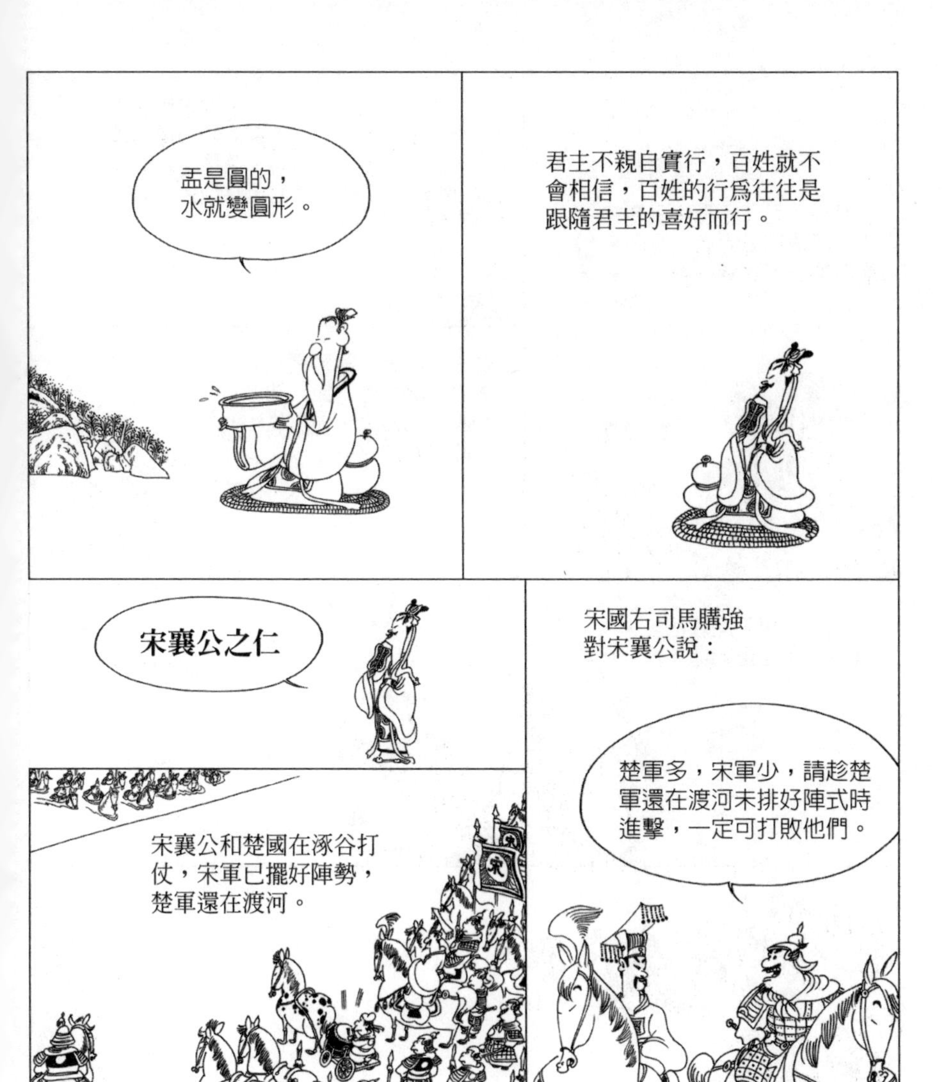
盂是圓的，
水就變圓形。
君主不親自實行，百姓就不會相信，百姓的行爲往往是跟隨君主的喜好而行。
宋襄公之仁
宋國右司馬購強對宋襄公說：
宋襄公和楚國在泓谷打仗，宋軍已擺好陣勢，楚軍還在渡河。
楚軍多，宋軍少，請趁楚軍還在渡河未排好陣式時進擊，一定可打敗他們。
宋

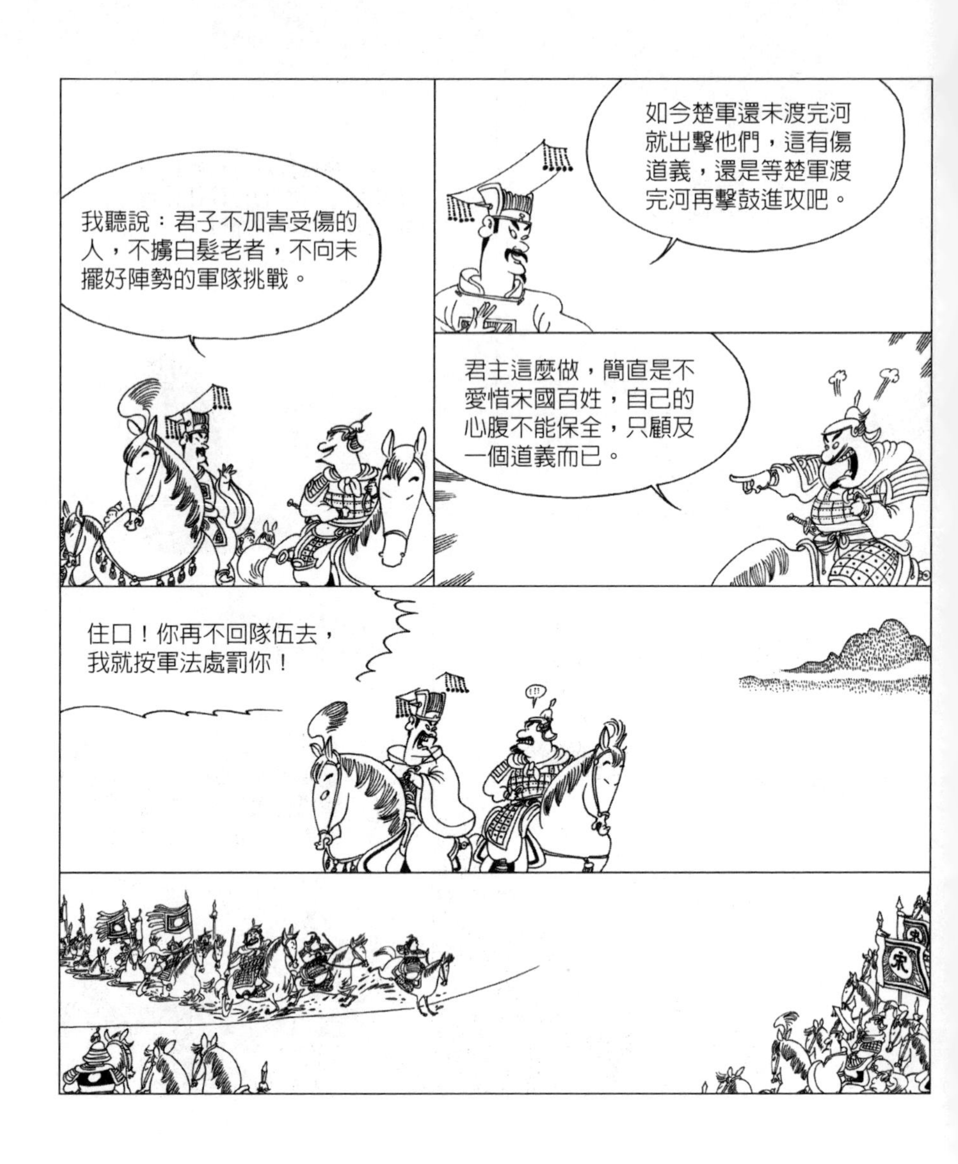
我聽說：君子不加害受傷的人，不擒白髮老者，不向未擺好陣勢的軍隊挑戰。
如今楚軍還未渡完河就出擊他們，這有傷道義，還是等楚軍渡完河再擊鼓進攻吧。
君主這麼做，簡直是不愛惜宋國百姓，自己的心腹不能保全，只顧及一個道義而已。
住口！你再不回隊伍去，我就按軍法處罰你！
宋

楚軍已擺好陣勢，
擊鼓進攻吧！
結果宋軍大敗，
襄公傷了大腿，
三天後就死了。
宋襄公不評估自己
的條件，而一味的
企慕行仁義，不知
道權宜變通，結果
惹來了禍害。
秦伯嫁女
秦穆公把女兒許配
給晉公子重耳……
我會替妳辦豪
華嫁妝，增加
妳的光彩。
出嫁那天，又選了七十個美女，
穿著錦繡衣服，陪嫁過去作媵妾。

到了晉國，晉公子喜愛陪嫁的媵妾，
而冷落了秦穆公的女兒。

無謂的虛飾往往影響到事情的本
質，像秦伯可說是善於嫁妾，卻
不能算是善於嫁女。

木鳶不如車輗

墨子用了三年時間做木鳶，但飛了一天就壞了。
先生的手藝真精巧，能讓木鳶升空飛翔。
我不如做車輗的人手藝精巧啊！

他們以尺來長的木頭，不必花一個上午的功夫就可以做成車輗。
無實際用途的花俏精巧，都是沒有價値的，只有眞正對人有利的手藝才能說「巧」。
他做的車輗能承受三十石重量，使用的時間又久。而我做木鳶，三年才做成，飛了一天就壞了。
郢書燕說
楚國郢都有個人寫信給燕國的宰相，由於光線不夠亮，於是令下人舉高燭火。
舉燭！
是。
因此不覺在信裡多寫了舉燭兩個字。

我的主人令我送這封信來。
好。
舉燭？這是什麼意思？
大概是崇尚光明的意思，也就是要選拔賢人，好好任用。
請大王選拔賢人，好好用賢人，國家一定富強。
就照你的話做吧。
燕國果眞大大舉用賢人，國家果然治理得很好。
學者對於古籍往往只是托意的成分多，不一定就是古籍的本意啊！
燕太宰聽了你「舉燭」的忠告，把國家治理得很好。
舉燭？我什麼時候寫過這句話？

白馬總是馬
兒說是宋國的雄辯家，
他主張「白馬非馬」，
很多有辯才的人都辯不
過他。
白馬非馬。
有天，他騎白馬
經過一關口……
收門票每人一
錢，馬兩錢。
收費站
收費處
可是白馬
不是馬呀！
白馬不是馬，
難道是羊？
算你贏，
拿去吧！
邏輯理論敵不過事實，憑著虛
有的文辭也許可以駁倒全國的
辯士；但考核實物，卻連一個
關卡的小官也不能欺騙。

宓子賤治單父

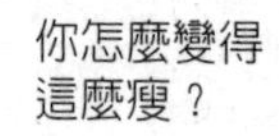

宓子賤治理單父，有若去找他……
你怎麼變得這麼瘦？

國君不嫌我不肖，讓我治理單父，公事很多，心裡憂急，不知不覺就瘦了。

如今單父這麼微小地方，治理它就憂愁，要是治理天下可該怎麼辦？

過去舜彈五弦琴，唱《南風》詩篇，而天下太平。

有方術治國，人坐在朝廷上，神態安閒仍可把國家治好；沒有方術治國，雖累壞了身體，還是治不了國家。

無用的葫蘆
齊國有位居士名叫田仲，宋國的屈谷前往拜訪他，並對他說：
我聽說先生絕不仰仗他人來生活。我有一大葫蘆，像石頭般堅硬。皮厚不易穿孔，現在把它送給你。
像石頭一般堅硬，就不能剖成瓢舀水，這樣無用的葫蘆，我要它有何用處呢？
葫蘆的可貴，就是因為它能盛東西。假如表皮很厚，不能穿孔，就不能拿它盛酒。
你說得很對，這樣的葫蘆沒用處，我把它丟掉算了。
田仲不仰仗他人來生活，可是對國家沒有用處，這和堅硬的葫蘆不是一樣嗎？

畫鞭

有個人爲周君在馬鞭上繪畫，費了三年之久。
終於畫好了。
和普通塗漆沒兩樣呀！
請您造一堵十版之牆，牆上鑿一個八尺窗戶，然後在日出時，把馬鞭放在窗上觀看。
好，我來試試。
周君依他的話做，果然見到馬鞭上畫滿龍蛇禽獸、車馬。

畫得真好，
太令我滿意了。

這種繪畫功夫的確精巧，但站在實用價值的觀點而論，這種畫鞭和普通漆鞭的功用並無不同。

買櫝還珠

大家來買漂亮的寶珠哦！
有個楚人到鄭國賣寶珠……
客倌！上好的寶珠，一等貨色。
這一盒我全部買了。

盒裡的寶珠
統統還給你。
我只要這只漂
亮的珠寶盒。

過於華麗的修飾，往往喧賓奪主；學術重要的是內容，不能太刻意講究文辭的修飾，否則會因而忽略了本體。

自食其果
韓昭侯對
申不害說：
法律實在很
難實行啊！
你雖設立了法律，
卻隨意聽從左右的
請求，當然無法嚴
格執行法律啊！

到現在我才明白法之道，今後再也不聽任何請求了。
有一天，申不害向昭侯請求讓他的從兄作官……
我不知道該遵守你說的道理，拒絕你的請求；還是接受你的請求，違背你的道理才好？
這似乎和你教我的方法相違背……
法律貴在於人人平等，執法者不因人而異，能完全依法執行，法律才得以實行。

買履取度
鄭國有個人想買鞋，先自己量好尺碼，
於是匆匆趕到市場，卻忘了帶量好的尺碼……
買鞋子喔！
試試這雙看看。
很合腳，大小剛剛好。
我忘了把尺碼帶出來，回家去拿立刻回來。
用你現成的腳量，不是最準嗎？
等他趕回市集時，賣鞋的早已收攤了……
不能面對問題，適當地處理國事，而一味地講求先王之道，不正像買鞋只相信過去的尺碼，不相信自己的腳！

畫鬼最易

有一個人爲齊王作畫。

你認為畫什麼最難？
狗、馬最難畫。

那麼畫什麼最容易呢？
鬼最容易畫。

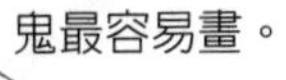

犬馬是人最熟悉的東西，從早到晚都在眼前，畫得不能不像，所以難畫。鬼魅是無形的，誰也沒見過，所以容易畫。

人主聽取言論，有的言論深遠廣大，但沒有功用；虛幻無定形的最容易任意造作。所以要求實效，塵飯塗羹是不能下肚的，非回家吃飯不可。

婦人之仁

鄭縣卜先生的太太到
市場買了一隻鱉回家……
你口渴是嗎？
我讓你到河裡
喝點水，不可
以逃走喔！
回來！忘恩
負義的傢伙！

仁人利濟他人，並不希望還報；
常人利濟他人，希望還報，
因而產生了責難和怨望。

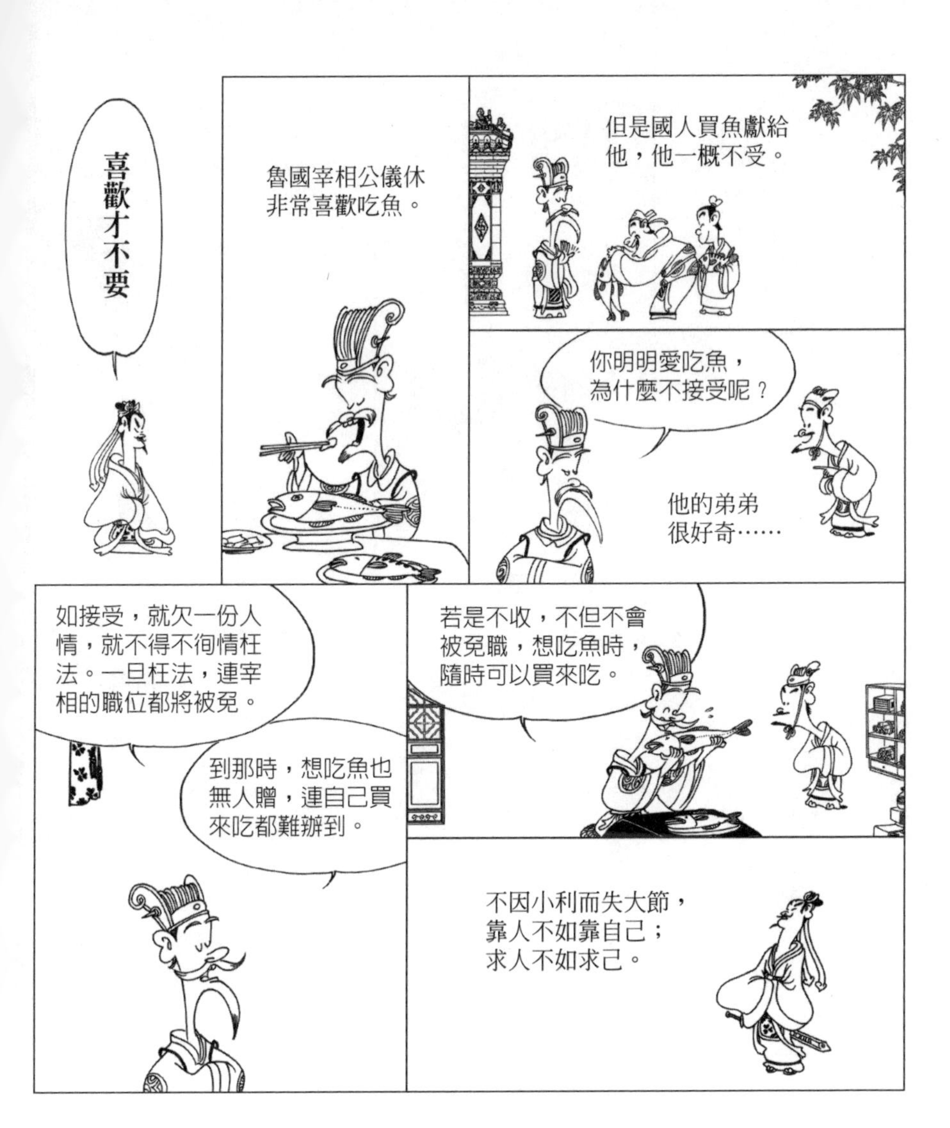
喜歡才不要
魯國宰相公儀休非常喜歡吃魚。
但是國人買魚獻給他，他一概不受。
他的弟弟很好奇……
你明明愛吃魚，為什麼不接受呢？
如接受，就欠一份人情，就不得不徇情枉法。一旦枉法，連宰相的職位都將被免。
到那時，想吃魚也無人贈，連自己買來吃都難辦到。
若是不收，不但不會被免職，想吃魚時，隨時可以買來吃。
不因小利而失大節，靠人不如靠自己；求人不如求己。

不蔽賢人

少室周是古代清廉的人物，他作趙襄王的力士。

一次，他和中牟的徐子角力，結果輸了，他便向襄王推薦徐子代替自己。

請聘用徐子來代替我的職務吧。

你的地位是大家所嚮往的，為何要推薦徐子來代替你呢？

我是以力氣來事人，現在徐子的力氣比我大，如果不推薦他，別人會有閒話的。

君上能夠善用人才，臣下也不虛飾才能求用，官吏們都會變成少室周那樣。

公私分明
中牟縣令出缺，晉中公問趙武道：
中牟是晉國的要衝，邯鄲的關隘，你看該派誰去勝此重任？
邢伯的兒子最合適。
邢伯子不是你的仇人嗎？
私仇不入公門。
中府的長官派誰去做才好呢？
我的兒子可以勝任。
!
外舉不避仇，內舉不避親，完全因才推薦，一秉大公，沒有私情私惠就是這樣啊。

曾子殺豬
曾子的妻子急著到市場去，孩子哭著要跟……
你先回去等媽回來殺豬給你吃。
曾子的妻子由市場回來時，曾子正要殺豬……
爸要殺豬給我吃。
剛才我只是哄哄孩子罷了，何必當真呢？
孩子什麼都不懂，一切都要跟父母學。妳現在欺騙他等於教他騙人。
母親騙了孩子，孩子就再也不會相信他的母親了。那以後還怎能去教導他呢？
於是，曾子就把豬給殺了。
君主對於法令上的賞罰一定要貫徹到底。如經常改變，或言而無信，那麼法令就不能貫徹了。

施恩望報

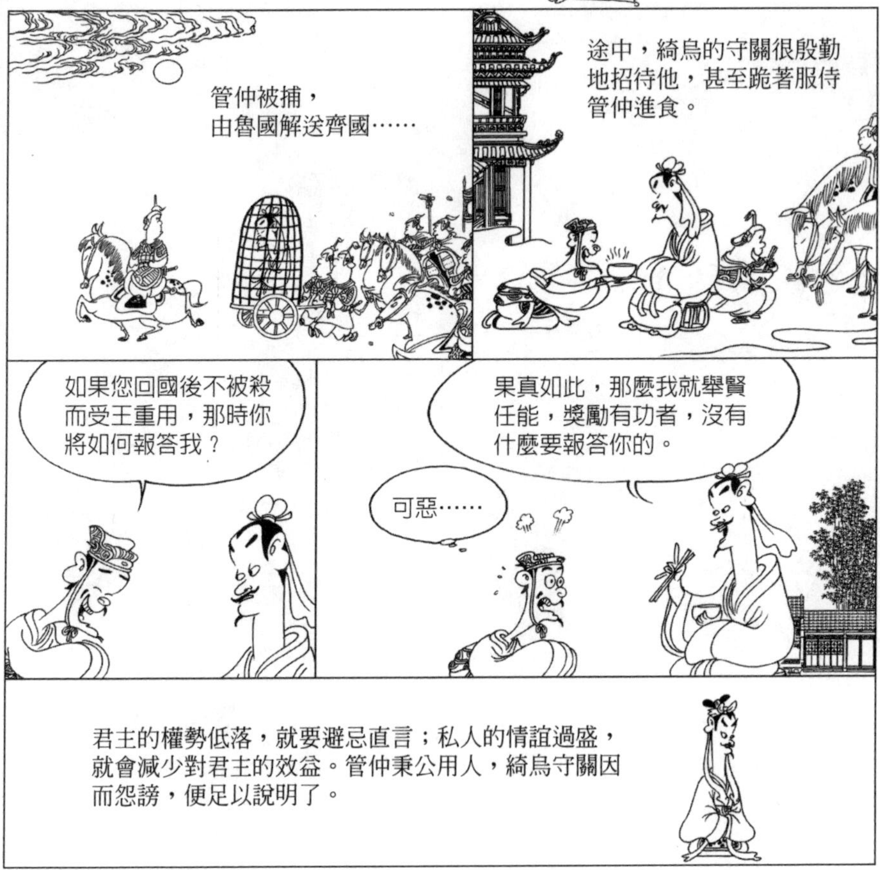
管仲被捕，
由魯國解送齊國……
途中，綺烏的守關很殷勤地招待他，甚至跪著服侍管仲進食。
如果您回國後不被殺而受王重用，那時你將如何報答我？
果真如此，那麼我就舉賢任能，獎勵有功者，沒有什麼要報答你的。
可惡……
君主的權勢低落，就要避忌直言；私人的情誼過盛，就會減少對君主的效益。管仲秉公用人，綺烏守關因而怨謗，便足以說明了。

公私有別

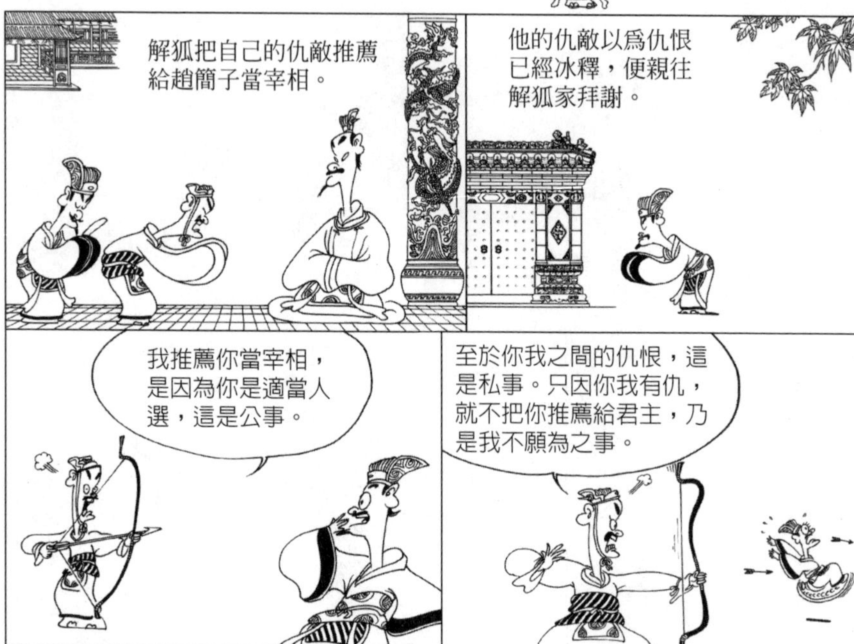

解狐把自己的仇敵推薦給趙簡子當宰相。
他的仇敵以為仇恨已經冰釋，便親往解狐家拜謝。
我推薦你當宰相，是因為你是適當人選，這是公事。
至於你我之間的仇恨，這是私事。只因你我有仇，就不把你推薦給君主，乃是我不願為之事。

人臣爲國君考慮國事，不能介入私人的仇怨，解狐推薦仇家是爲公，怨恨仇家是爲私，公私分明！

空言難使馬肥
韓宣王對周市說：
我的馬天天都有充足的豆菽吃，為何還怎麼瘦呢？
管馬的人若是真的給牠吃飽，那麼不讓牠肥，牠也會肥。
要是光是嘴巴說給牠吃飽，而實際只給牠吃一點點，不讓牠瘦牠也會瘦。
你不實際去調查清楚，光是在這裡說，那馬永遠都不會肥。
天下的事理有一定的法則，由其中推理就不會被蒙蔽。光是憂慮，無法解決問題。

太子也得謹慎守法

楚莊王有事，
緊急宣召太子。
停！車子不准
開入雉門。
國王緊急宣召，
我不能等積水消
退才進宮呀！
太子請別
放肆！
別理他！
衝進去！
但是國法規定
車子不准開進
雉門。

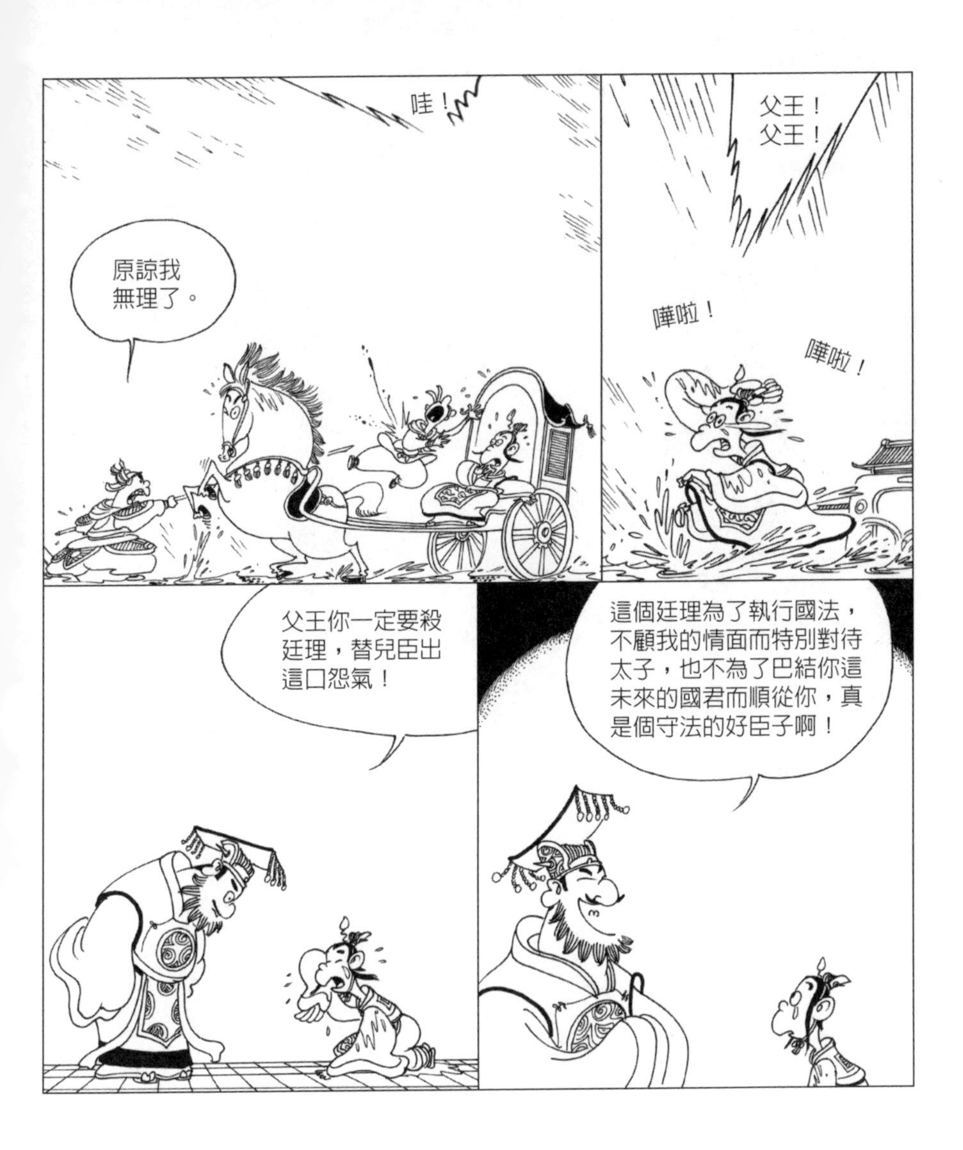
哇！
原諒我
無理了。
父王！
父王！
嗶啦！
嗶啦！
父王你一定要殺
廷理，替兒臣出
這口怨氣！
這個廷理為了執行國法，
不顧我的情面而特別對待
太子，也不為了巴結你這
未來的國君而順從你，真
是個守法的好臣子啊！

於是下令提升廷理，
進爵兩級。

國家的秩序，要以客觀平等的法律爲依據，
不能夾雜人爲的私情來執行法令。

吳起休妻

大將吳起吩咐
妻子織絲帶……
妳替我織一條絲帶，
使它和這條一樣。
是。

用的材料相同，
但我又加工使
它更精美。
怎麼織得
不同呢？
大膽不遵從我的吩咐，
滾回娘家去吧！
於是便把妻子休了，
送回娘家。
執行法令不能隨個人喜好
擅加以曲解更改，否則法
令便無法推動了。
可為王
明聽獨斷
申不害說：
能看清別人看不
清的，叫做明。
能聽懂別人聽不
懂的，叫做聰。

遇到事情，都能夠
自行決斷，就可以
領導天下人了。
具有領導才能者，眼光獨到，
判斷正確，自信而不自大，謹
慎而不猶豫，能帶引眾人發揮
高度群體精神。
賣酒人的猛犬
酒
宋國有個賣酒的人家，他所賣的
酒斤兩正確，酒味醇正，待客又
親切，但是生意卻始終不好。
酒賣不出去，
都變酸了。

於是便去請教村中的長者楊倩……
你家門口是否養了一隻猛犬？
是啊！
因為買酒的人懼怕那頭猛犬，就嚇跑了。所以你的酒賣不出去而變酸，就是這個道理。
喔！原來如此……
國家也有猛犬，每當有賢人志士，為君王陳述稱霸之術時，大臣們就成為猛犬來咬他，這就是有道之士不被重用的原因。
齊王選后
薛公田嬰做齊國的宰相，齊威王的夫人去世，宮中有十位姬妾都受威王寵愛……
威王到底想立哪一位做夫人呢？
因此他預備了十副耳環，其中有一副特別美麗。
這十副耳環獻給大王！

第二天……
原來大王最喜歡
這個姬妾……
你的觀點與我的
看法相同。
薛公默視誰戴著那副最
美麗的耳環，便勸說威
王立她做夫人。

君主顯露好惡，官吏便適應君主的心理，君主便被迷惑；大臣隨時猜度君主的意向，以作威作福，君主的權勢便和大臣共有了。

君主用術的原則

魏昭王對孟嘗君說：
寡人想親自
當判官辦案。
大王想當判官，
何不先學法律？
當然，我現在
就開始閱讀。

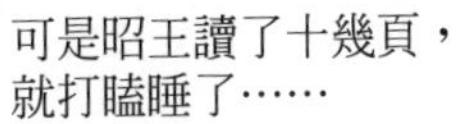

可是昭王讀了十幾頁，
就打瞌睡了……

這法律的書我
實在讀不下去。

職位有別，每人有其自己的崗位，一個國君不親自
掌握權柄，卻去做些臣子該做的事，當然要打瞌睡！

治國要有方術

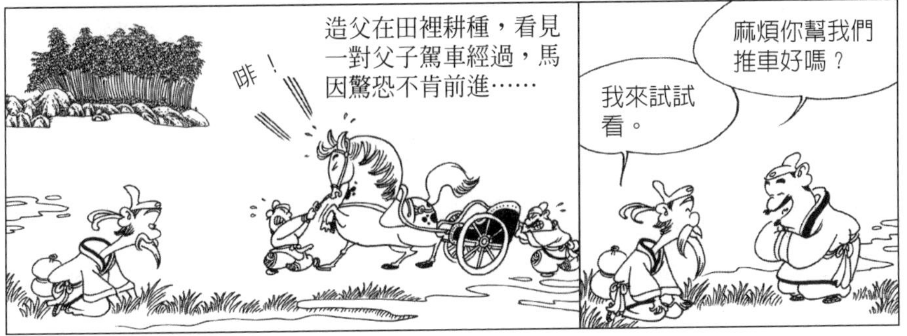

造父在田裡耕種，看見
一對父子駕車經過，馬
因驚恐不肯前進……

麻煩你幫我們

造父是駕車好手，只見
他檢視轡頭，拿起馬鞭……
還沒眞正使用馬鞭，
而馬已經撒腿跑起來了。
沒有方術去治理國家，本身雖勞苦，
國家還是混亂；有方術去治理國家，
那麼本身安逸，又能獲致統治天下的功績。
造父駕馭馬車，奔馳旋轉，
能使馬完全照自己的意思。
喝！
哈哈哈，
得心應手。
這是由於握有轡勒和
鞭策來控制牠們呀。
不能與臣
共用威權

可是馬因大豬突然奔出而驚慌，
造父便不能控制馬匹。
啡！
這不是轡勒和馬鞭的威力不夠，
而是威力被大豬分散了。
哇！
人主的罰與賞，是統治國家的威力，
但若威力被人臣分去，國家便難以治理了。
以利馭人靠不住
王良也是古代的駕車好手，他駕車
不用轠繩與馬鞭，只選擇馬所喜歡
的水草地帶，向那邊駕駛。
投其所好，便能
輕鬆的駕馭自如。

但馬匹經過菜圃池塘，
王良便駕馭不動了。
走啊！走啊！
並非芻草清水的好處不夠，
主要是德惠被菜圃池塘分散了。
雙頭馬車
但如讓王良握著左邊的絡頭吆喝馬匹向左，
讓造父握著右邊的絡頭鞭策馬匹向右，
馬再有能耐也走不了十里路。
向東邊走！
向西邊去！
王良與造父都是天下
善於駕駛的好手。

田連與成竅是天下
善於彈琴的音樂家。

但如讓田連向上挑撥，
成竅向下按壓，
必定彈奏不成任何曲調。

有再高超的手藝，
步調不一致就不能
共事，人君又怎能
和臣子共同掌握權
力去治理國家？

歷山的農人侵占別人的田
界，舜到那裡種田，一年
後田的邊界都正確了。

河濱的漁夫爭奪漁場，舜到
那裡捕魚，一年後漁夫便都
盡讓年歲較大的。

東夷的陶匠製陶很粗劣，舜到那裡做陶，一年後東夷出品的陶都做得很堅實。
孔子歎道：
耕田捕魚和作陶都不是舜該管的事，舜為挽救壞風氣而從事辛苦的工作，衆人便隨他向善，所以說聖人是以德化人啊。
有人問儒者說：
當這時候，堯在哪裡？
堯做天子。
那麼孔子為什麼說堯是聖人呢？明察的聖人做天子，就會使天下沒有壞事。
這時種田捕魚沒有爭端，陶器不粗劣，怎麼還要舜的德行感化他們呢？
假如是舜挽救壞風氣，便是堯做天子有缺失。

稱讚舜的德行，就要否定堯的明察；說堯是聖人，就要否定舜的德化，這是不能兩樣都存立的。
賞罰，可讓天下人民必定奉行，舜不懂得勸堯用賞罰，卻自己親自到遠方去感化，不是太沒有方術了嗎？
子產斷案
哇～
停停！等一下！
子產路過東匠里門，聽到有婦人哭泣的聲音……

把那婦人
抓來審問！
是。
相爺您怎知道
其中有問題？
啊！我招我招……
是我親手縊死親夫
沒錯。
妳為何謀害
親夫？還不
快從實招來！
人們對於所愛的人患病時為他憂
慮，死時為他悲哀。而那婦人的
哭聲並不悲哀卻帶著恐懼，所以
我知道其中必有姦情。
相爺真
聰明。
如果案子都要子產去看去聽才能知
道，那能破的案子必定很少。但如
佈下周全的法網，奸犯必定難逃。

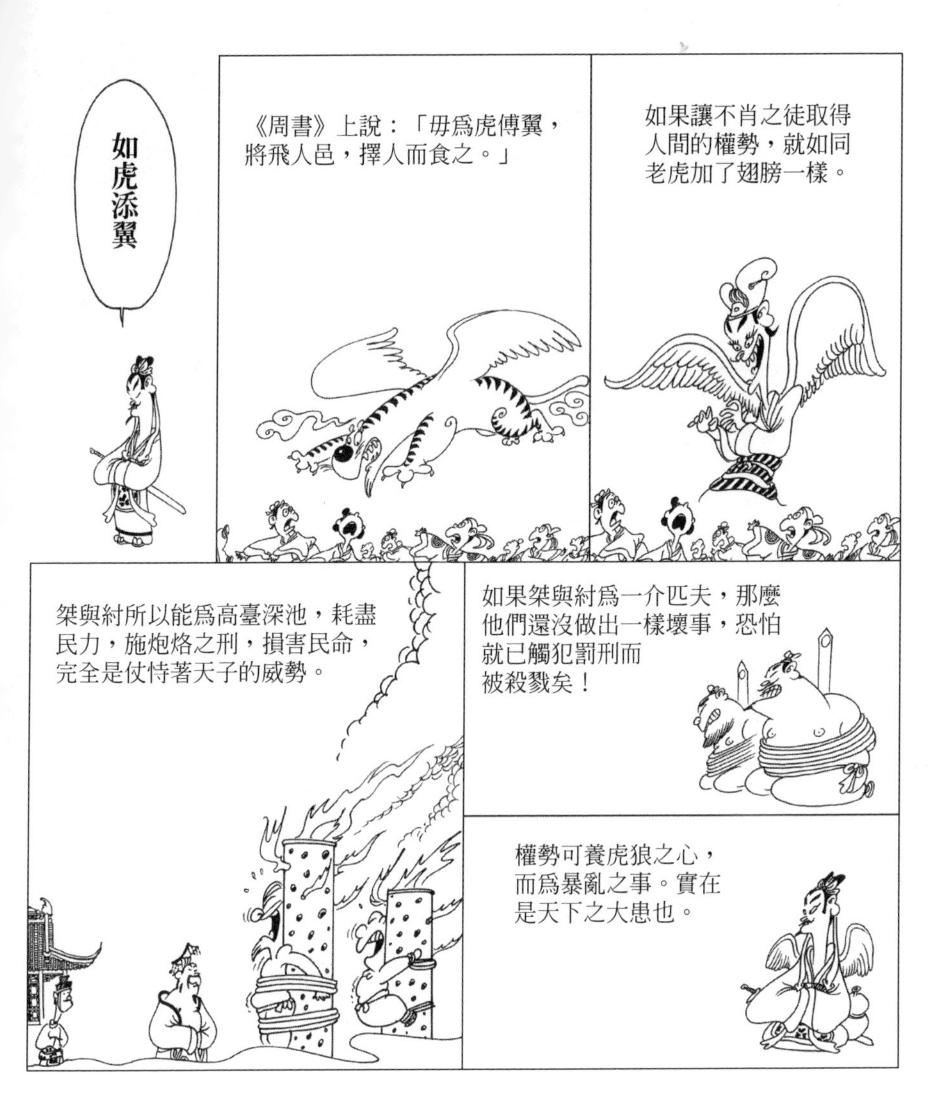
如虎添翼
《周書》上說：「毋爲虎傅翼，
將飛人邑，擇人而食之。」
如果讓不肖之徒取得
人間的權勢，就如同
老虎加了翅膀一樣。
桀與紂所以能爲高臺深池，耗盡
民力，施炮烙之刑，損害民命，
完全是仗恃著天子的威勢。
如果桀與紂爲一介匹夫，那麼
他們還沒做出一樣壞事，恐怕
就已觸犯罰刑而
被殺戮矣！
權勢可養虎狼之心，
而爲暴亂之事。實在
是天下之大患也。

矛盾
楚國有個人在市場上賣矛和盾……
喝！
喝！
我的矛非常銳利，可以刺穿任何東西。
好棒！
現在再請各位看一件寶物。
喝呀！
好！
我的盾非常堅固，任何東西都不能將它刺穿。

等等……
有個問題
請教一下。
請講。
用你的矛刺你的盾，
結果將如何？
啊……
當然刺不穿……
不……不不……
當然刺得穿……
不不不，
刺不穿……
刺得穿……
矛盾！
賢人治世，重在以德化民，是不作興採取強制手段的，但威勢治世是任何方面都得採取強制手段的，兩者正如矛、盾不能並存。所以賢人人治與威勢法治是不能相容的。

良藥苦口

古時候有句諺語說：「施政如同洗髮，雖然會掉髮，也不能不洗。」

挖膿擠血是非常痛苦的事……

吃藥也是苦口難咽……

但若因怕痛怕苦就不挖膿、不吃藥，那麼就無法治癒疾病了啊！

吝惜脫落頭髮的損耗，而忽略生長新髮的利益，那就是不知權衡輕重的人。

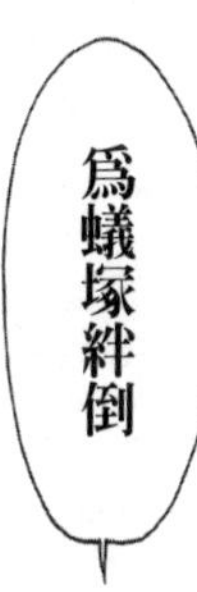

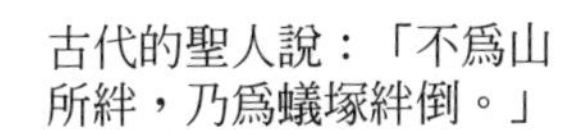

古代的聖人說：「不爲山所絆，乃爲蟻塚絆倒。」

因爲山的目標明顯，所以大家都很小心，而蟻塚目標小，人人都將它忽視了。

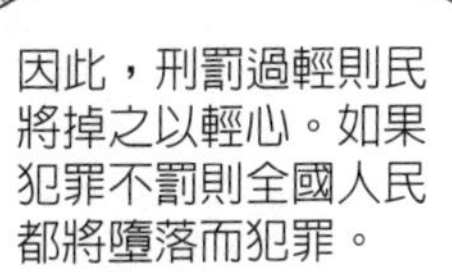

因此，刑罰過輕則民將掉之以輕心。如果犯罪不罰則全國人民都將墮落而犯罪。

在這種情況下如果人民犯罪，再加以誅戮，等於是為人民設下一個陷阱。

輕罰如同民之蟻塚，不是亂了國家之治，就是使民走入陷阱，這都是傷害人民的事。

守株待兔
有個宋國人，
正在田裡耕作……
哈哈哈，平白得
到一隻兔子，真
是不勞而獲。
從此，他便不再耕作，整天
守在樹旁，等待兔子上門。
可是，兔子始終沒再出現……
爲人君者，一味固守先王之道以治理
今世眾民，不正如宋人守株待兔一樣？
碰巧一次有效只是偶然罷了！

長袖善舞

俗話說：「衣袖長，
跳起舞來容易表現得好；

錢財多，做起生意
來容易亨通得利。」

強秦十次變法，
很少失敗；

弱小的燕國，僅只一次變法，也難成功，
並不是秦人聰明，燕人愚蠢，而是兩國的
內在條件不同罷了。

憑藉多、條件優越，就容易
搞好事情；安定強盛的國家
容易訂出好計謀。所以要國
家富強，必須先由內政自強
著手。

蔡志忠作品
漫畫孫子兵法・韓非子

作者：蔡志忠
責任編輯：鄧芳喬　湯皓全
封面設計：陳俊言
美術編輯：何萍萍
校對：魏秋綢
法律顧問：全理法律事務所董安丹律師
出版者：大塊文化出版股份有限公司
台北市105南京東路四段25號11樓
www.locuspublishing.com

讀者服務專線：0800-006689
TEL：(02) 87123898　FAX：(02) 87123897
郵撥帳號：18955675　戶名：大塊文化出版股份有限公司

總經銷：大和書報圖書股份有限公司
地址：新北市新莊區五工五路2號
TEL：(02) 89902588（代表號）　FAX：(02) 22901658
製版：瑞豐實業股份有限公司

初版一刷：2013年12月
定價：新台幣250元
Printed in Taiwan
ISBN：978-986-213-477-1

漫畫孫子兵法.韓非子 / 蔡志忠作.
-- 初版. -- 臺北市 : 大塊文化, 2013.12
面 ;　公分. -- (漫畫中國經典系列)(蔡志忠作品)

ISBN 978-986-213-477-1(平裝)

1.孫子兵法 2.韓非子 3.漫畫

592.092　　102022060